Altium Designer
印制电路板设计与制作教程

主　编　张群慧　侯小毛

副主编　陈立奇　粟慧龙　魏丽君

参　编　赵　勇　陈　燃　张金菊　龚　芝

中国电力出版社
CHINA ELECTRIC POWER PRESS

内 容 提 要

本书详细介绍了 Altium Designer 的基本功能、操作方法和实际应用技巧。全书共分 12 章，主要包括 Altium Designer 基础、Altium Designer 原理图设计基础、原理图设计、单片机实验板原理图基本操作、单片机实验板原理图高级操作、印制电路板和元件封装、创建 PCB 元件封装、单片机实验板 PCB 板设计、PCB 板的编辑和完善、电路仿真分析、PCB 板制作工艺、PCB 设计与制作等内容。

本书内容全面、图文并茂、通俗易懂、实用性强。本书可作为高校自动化、电子信息、通信工程、计算机及相关专业的教材，也可供电子电路设计工程技术人员学习和参考。

图书在版编目（CIP）数据

Altium Designer 印制电路板设计与制作教程/张群慧，侯小毛主编. —北京：中国电力出版社，2016.8
ISBN 978-7-5123-9406-3

Ⅰ.①A…　Ⅱ.①张…　②侯…　Ⅲ.①印刷电路—计算机辅助设计—应用软件—教材　Ⅳ.①TN410.2

中国版本图书馆 CIP 数据核字（2016）第 147904 号

中国电力出版社出版、发行
（北京市东城区北京站西街 19 号　100005　http://www.cepp.sgcc.com.cn）
航远印刷有限公司印刷
各地新华书店经售

*

2016 年 8 月第一版　　2016 年 8 月北京第一次印刷
787 毫米×1092 毫米　16 开本　17.25 印张　418 千字
印数 0001—3000 册　　定价 **48.00** 元（1CD）

前 言

Altium Designer 具有操作简单、功能齐全、方便易学、自动化程度高等特点，是目前最流行的 EDA 设计软件之一。本书力求通过项目引领的教学模式，使读者熟练使用 Altium Designer 设计电路，从而掌握电路设计的基本工艺知识与行业规范、基本技能和职业素养，培养标准意识、规范意识、质量意识及团结协作意识，从而为读者以后的发展奠定基础。

本书特点

1. 科学性和先进性

本书采用目前最流行的 EDA 设计软件 Altium Designer6.9 为蓝本，满足读者学习和工作需求，采用实际产品，如单片机实验板、电子时钟等项目，从而使得读者在学习过程中获得实际的项目经验，可以胜任本岗位的工作需要。

2. 以项目驱动为主线，理论联系实践

本书编写时以项目驱动为主线，将知识点融入到项目中去，整个项目就是一个完整的操作过程，使得读者在完成项目的过程中掌握知识和技能，培养发现问题、分析问题和解决问题的能力。

3. 结合考证需要，融入学习情境

本书结合国家计算机辅助设计（Protel 平台）中高级考证人员的需要，把国家职业鉴定的标准融入到学习情境中，读者在完成项目的同时，逐步达到中高级电子绘图人员的水平。

4. 实用性

本书操作过程详细准确，制作步骤简捷明了，可以按照书中操作完成实训任务，培养读者实际动手能力。

本书由张群慧、侯小毛担任主编，陈立奇、粟慧龙、魏丽君担任副主编，赵勇、陈燃、张金菊、龚芝任参编。其中张群慧编写第 4～10 章，侯小毛编写第 1～2 章，陈立奇编写第 3 章，粟慧龙、魏丽君编写第 11～12 章和附录，赵勇、陈燃、张金菊、龚芝参与了编写部分内容。全书由张群慧负责统稿。

光盘说明

随书所附的光盘提供了本书的单片机实验板原理图，读者可自行绘制。还包括了本书的教学课件（PPT），可作为读者自学本书的参考资料，也可供高校老师教学使用。

致谢

本书在编写过程中参考了相关出版物和互联网上的有关资料，在此一并表示感谢。

限于作者水平，并且编写时间比较仓促，书中难免存在错误和疏漏之处，敬请读者批评指正，可发邮件至 js_zhhj@163.com 与作者联系。

编　者

目　录

第 1 章

Altium Designer 基础

1.1 Altium Designer 的概述

2005 年底，Protel 软件的原厂商 Altium 公司推出了 Protel 系列的最新高端版本 Altium Designer 6.9。Altium Designer 6.9 是完全一体化电子产品开发系统的一个新版本，也是业界第一款完整的板级设计解决方案。Altium Designer 是业界首例将设计流程、集成化 PCB（Printed Circuit Board，印制电路板）设计、可编程器件（如 FPGA）设计和基于处理器设计的嵌入式软件开发功能整合在一起的产品，一种同时进行 PCB 和 FPGA 设计以及嵌入式设计的解决方案，具有将设计方案从概念转变为最终成品所需的全部功能。

Altium Designer 6.9 除了全面继承包括 99SE、Altium Designer 6 在内的先前一系列版本的功能和优点以外，还增加了许多改进和很多高端功能。Altium Designer 6.9 拓宽了板级设计的传统界限，全面集成了 FPGA 设计功能和 SOPC 设计实现功能，从而允许工程师能将系统设计中的 FPGA 与 PCB 设计以及嵌入式设计集成在一起。

首先，在 PCB 部分，Altium Designer 6 中除了多通道复制，实时的、阻抗控制布线，SitusTM 自动布线器等新功能以外，还着重在于差分对布线，FPGA 器件差分对管脚的动态分配，PCB 和 FPGA 之间的全面集成，从而实现了自动引脚优化和非凡的布线效果。还有 PCB 文件切片，PCB 多个器件集体操作，在 PCB 文件中支持多国语言（中文、英文、德文、法文、日文）、任意字体和大小的汉字字符输入，光标跟随在线信息显示功能，光标点可选器件列表，复杂 BGA 器件的多层自动扇出，提供了对高密度封装（如 BGA）的交互布线功能、总线布线功能、器件精确移动、快速铺铜等功能。

交互式编辑、出错查询、布线和可视化功能，使其能更快地实现电路板布局，支持高速电路设计，具有成熟的布线后信号完整性分析工具。Altium Designer 6.9 对差分信号提供系统范围内的支持，可对高速内联的差分信号对进行充分定义、管理和交互式布线。支持包括对在 FPGA 项目内部定义的 LVDS 信号的物理设计进行自动映射。LVDS 是差分信号最通用的标准，广泛应用于可编程器件。Altium Designer 可充分利用当今 FPGA 器件上的扩展 I/O 管脚。

其次，在原理图部分，新增加"灵巧粘贴"，可以将一些不同的对象复制到原理图当中，比如一些网络标号、一页图纸的 BOM 表，都可以复制粘贴到原理图当中。原理图文件切片、多个器件集体操作、文本框的直接编辑、箭头的添加、器件精确移动、总线走线、自动网标、选择等强大的前端使多层次、多通道的原理图输入、VHDL 开发和功能仿真、布线前后的信号完整性分析功能得以实现。在信号仿真部分，提供完善的混合信号仿真，在对 XSPICE 标准的支持之外，还支持对 PSPICE 模型和电路的仿真。对 FPGA 设计提供了丰富的 IP 内核，包括各种处理器、存储器、外设、接口以及虚拟仪器。

1

最后，在嵌入式设计部分，增强了 JTAG 器件的实时显示功能。增强型基于 FPGA 的逻辑分析仪可支持 32 位或 64 位的信号输入。除了现有的多种处理器内核外，还增强了对更多的 32 位微处理器的支持，可以使嵌入式软件设计在软处理器、FPGA 内部嵌入的硬处理器、分立处理器之间无缝地迁移。使用了 Wishbone 开放总线连接器，允许在 FPGA 上实现的逻辑模块可以透明地连接到各种处理器上。Altium Designer 6.9 支持 Xilinx MicroBlaze、TSK3000 等 32 位软处理器，PowerPC 405 硬核，并且支持 AMCC405 和 Sharp BlueStreak ARM7 系列分立的处理器。对每一种处理器都提供完备的开发调试工具。

1.2　Altium Designer 的主要功能

Altium Designer 提供一套完整的设计工具，可以使用户完成从概念到板卡级的设计，所有的软件设计模块都集成在一个应用环境中。Protel 集成应用环境的主要功能分为：原理图设计、印制电路板设计、FPGA 设计、VHDL 设计。Altium Designer 环境下可以进行基于原理图的 FPGA 设计，基于 VHDL 语言的 FPGA 设计，原理图与 VHDL 的混合设计等。在 ProtelDXP 环境下可以实现测试平台程序设计、设计仿真与调试、逻辑综合等。

1. 方便的工程管理

在 Protel 中，项目管理采用整体的设计概念，支持原理图设计系统和 PCB 设计系统之间的双向同步设计。"工程"这一设计概念的引入，也方便了操作者对设计各类文档的统一管理。

2. 统一、高效的设计环境

使用了集成化程度更高、更加直观的设计环境，新的与 Windows XP 系统相适应的界面风格更加美观、人性化。通过使用弹出式标签栏和功能强大的过滤器，可以对设计过程进行双重监控。在 Altium Designer 中，要编辑某类文件，系统自动启动相应的模块。尽管模块的功能不同，但其界面组成和使用方法完全相同。读者只要熟悉了一个模块，再使用其他模块就会变得非常容易了。

3. 丰富的元件库及完善的库管理

Altium Designer 为用户提供了丰富的元件库，几乎包括了所有电子元件生产厂家的元件种类，从而确保设计人员可以在元件库中找到大部分元件。同时，利用系统提供的各种命令，用户还可以方便地加载/卸载元件库，以及在元件库中搜索和使用元件。

4. 强大的原理图编辑器

原理图编辑器是 Altium Designer 的主要功能模块之一，主要用于电路原理图的设计，从而为印制电路板的制作做好前期准备工作。原理图用于反映各电子元件和各种信号之间的连接关系。

此外 Altium Designer 信号模拟仿真系统包含了功能强大的数/模混合信号电路仿真器 Mixed Sim 和大部分常用的仿真元件，用户可以根据设计出的原理图对电路信号进行模拟仿真。

5. 优秀的 PCB 编辑器

PCB 编辑器是 Altium Designer 的另一重要功能模块，主要用于 PCB 图设计，用户在设计好原理图并对电路板进行适当设置后，可利用系统提供的自动布局和自动布线功能对电路板进行自动布局和布线。当然，如果自动布局和自动布线结果无法满足要求，用户还可方便对其进行手工调整。

6. VHDL 与 FPGA

VHDL 的英文全称是 Very High Speed Integrated Circuit Hardware Description Language，中文为超高速集成电路硬件描述语言，利用它可进行硬件编程，主要用于数字电路设计。在 Altium Designer 中，创建 VHDL 文档后，可直接使用该语言进行程序设计。

FPGA 的英文全称为 Field Programmable Gate Array，中文为现场可编程门阵列。使用 Altium Designer 可以创建 FPGA 工程，以设计 FPGA 元件。设计完成后，可以将生成的熔丝文件烧录到设计的逻辑元件中，从而制作出符合设计功能的元件。

1.3　Altium Designer 的安装、汉化

1.3.1　Altium Designer 的安装

Altium Designer 是一款功能强大、简单易学的 PCB 设计软件，它将常用的设计工具集成于一身，可以实现从最初的项目模块规划到最终的生产加工文件的形成的整个设计过程，是目前国内流行的电子设计自动化（Electronic Design Automatic，EDA）软件。

Altium Designer 的安装步骤如下。

（1）双击 Setup. exe 开始安装 Altium Designer。出现欢迎安装 Altium Designer 的安装界面，单击 Next 继续。

（2）选择"I accept the license agreement"，单击 Next 继续。

（3）设置安装路径，单击 Next 继续。

（4）安装开始，结束时单击 Finish。

1.3.2　Altium Designer 的使用和汉化

（1）复制 Altium Designer 6_SP2 - SP4_Genkey. exe 到 Altium Designer 6 的安装目录"C:\Program Files \ Altium2004 SP2"。

（2）双击运行 Altium Designer 6_SP2 - SP4_Genkey. exe，出现注册界面，稍会儿会出现注册成功界面。

（3）注册成功后，可以从任务栏启动 Altium Designer。这样就可以使用软件进行设计了。

（4）汉化。启动 Altium Designer 后，单击最左边的（也就是靠近 FILE）DXP 弹出下拉菜单，选择第 2 项（preferences），然后出现选项界面（General），在 localization 下面的勾选框勾选 use localized resources 会弹出一个 warnings 对话框，单击 OK 关闭，然后重启软件。

1.4　Altium Designer 设计环境

当用户启动 Altium Designer 后，系统将进入 Altium Designer 工作组主页面（Home

Page），如图 1-1 所示。由图 1-1 可知，用户可以创建 PCB 项目、原理图和 PCB 文档、FPGA 项目，进行信号完整性分析及仿真等操作。这一节主要介绍 Altium Designer 的设计环境。

1.4.1　Altium Designer 主界面

Altium Designer 提供了一个友好的主界面，如图 1-1 所示，用户可以通过该页面进行项目文件的操作，如创建新项目、打开文件、配置等。用户如果需要显示该主页面，可以选择 View/Home 命令，或者单击右上角的图标。

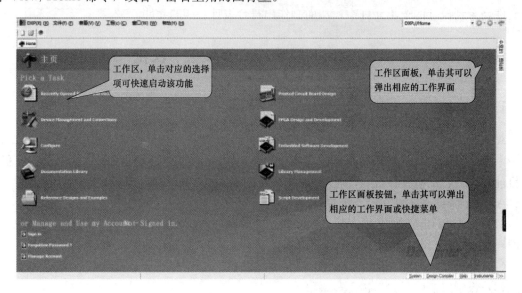

图 1-1　Altium Designer 工作组主界面

（1）Recently Opened Project and Documents（近期打开的项目和文档）。选择该选项后，系统会弹出一个对话框，用户可以很方便地从对话框中选择需要打开的文件。当然用户也可以从 File 菜单中选择近期打开的文档、项目和工作空间文件。

（2）Device Management and Connection（器件管理和连接）。选择该选项可查看系统所连接的器件（如硬件设备和软件设备）。

（3）Configure（配置）。选择该选项后，系统会在主页面弹出系统配置选择项，如图 1-2 所示，此时用户可以选择自己需要的操作。当然这些操作也可以从图 1-1 的左上角 DXP 菜单中选择。

1）Display system information（显示系统信息）。用户可以显示当前 Altium Designer 软件所包含的模块。

2）Customize the user interface resources（定制用户接口资源）。用户可以自己定制命令和工具条。

3）Setup system preferences（设置系统参数）。用户可以设置诸如启动、显示和版本控制等参数。以后将介绍系统参数的设置。

4）Install or configure licenses（安装和配置许可证）。选择该选项可以对许可证进行安装和配置。

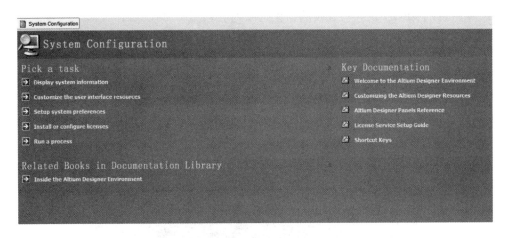

图1-2 系统配置选择项

5）Run a process（运行一个 DXP 进程）。选择该选项后允许运行一个 Altium Designer 的模块程序，如原理图的放置元件（Sch：Placepart）命令。

（4）Documentation Library（文件库）。Altium Designer 为用户提供了各种设计参考文档库，从这个选择项中可以进入文档库命令显示界面。这些文档库包括 Altium Designer 电路设计和 PCB 设计、FPGA 设计、在线帮助等参考文档。用户可以获得非常详细的帮助和参考信息。

（5）Reference Design and Examples（参考设计和实例）。Altium Designer 为用户提供了许多经典的参考实例，包括原理图设计、PCB 布线和 FPGA 设计等方面的实例。

（6）Printed Circuit Board Design（印制电路板设计）。选择该选项后，系统会弹出如图1-3所示的印制电路板设计的命令选项列表，用户可以使用右边的"《"和"》"按钮弹出和隐藏命令项。

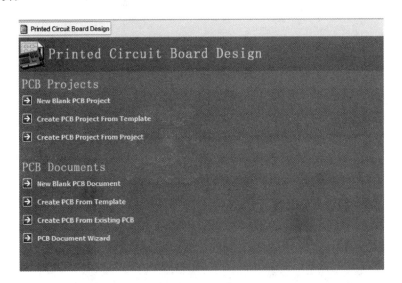

图1-3 印制电路板设计的命令选项列表

（7）FPGA Design and Development（FPGA 设计与开发）。选择该选项后，系统会弹出

如图 1-4 所示的 FPGA 设计与开发的命令选项列表。

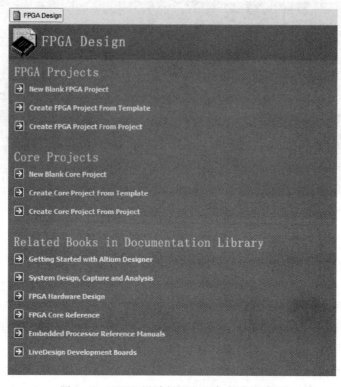

图 1-4 FPGA 设计与开发的命令选项列表

（8）Embedded Software Development（嵌入式软件开发）。选择该选项后，系统会弹出如图 1-5 所示的嵌入式软件开发的命令选项列表，用户可以使用右边的"《"和"》"按钮弹出和隐藏命令项。嵌入式工具选项包括汇编器、编译器和链接器。

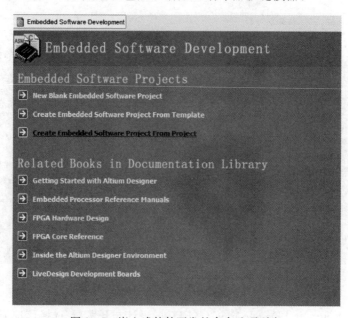

图 1-5 嵌入式软件开发的命令选项列表

（9）Library Management（库管理）。选择该选项后，系统会弹出库管理的命令选项列表，如图 1-6 所示。

（10）Altium Designer 的库管理包括创建集成库（Integrated Library）、原理图元件库（Schematic Library）、PCB 封装库（PCB Footprint Library）和 PCB3D 库，如图 1-6 所示。

另外，用户还可以选择查找库（Search Libraries）、加载或移去库（Install or Remove Libraries），在已加载库（Installed Libraries）列表中查看当前已加载的库。

注意，如果选项在图中没有显示出来，用户可以单击"≪"按钮隐藏上部的选项，然后就能显示该选项。

（11）Script Development（脚本开发）。选择该选项后，系统会弹出 DXP 脚本操作的命令选项列表。用户可以分别选择创建脚本的相关命令。

1.4.2 新建文件菜单介绍

1.4.1 节讲述了使用主页面进行文件操作，实际上主要命令均可以使用"文件"（File）/"新建"（New）菜单中的命令来选择。从 New 子菜单中可以选择建立目标文件，包括 Schematic（原理图）、PCB、FPGA、VHDL 以及相关的库（Library）文件，"新建"子菜单如图 1-7 所示。

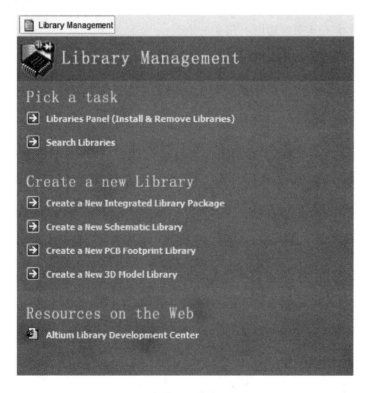

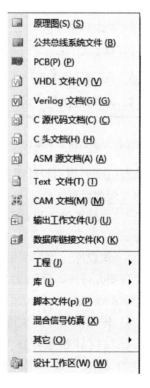

图 1-6　库管理的命令选项列表　　　　　图 1-7　文件新建子菜单

（1）原理图设计编辑。执行"文件"菜单中的"新建"→"原理图"命令，即可启动原理图设计的模块，进行原理图的绘制工作。

（2）PCB。执行"PCB"命令即可启动印制电路板的设计模块。

（3）VHDL 文件。执行"VHDL 文件"命令可运行 VHDL 程序的编写模块。读者可以参考有关 VHDL 的参考资料。

（4）Verilog 文档。执行"Verilog 文档"命令可运行 Verilog 程序的编写模块。读者可以参考有关 Verilog 的参考资料。

（5）C 源代码文档。执行"C 源代码文档"命令可运行 C 程序的编写模块。

（6）C 头文件的编写。执行"C 头文件"命令可运行 C 头文件的编写模块。

（7）ASM 汇编程序的编写。执行"ASM 源文档"命令可运行 ASM 汇编程序的编写模块。

（8）Text 文件编写。执行"Text 文件"命令可启动一个文本文件编辑模块。

（9）CAM（计算机辅助制造）文档编写。执行"CAM 文档"命令可启动 CAM 文件生成模块。

（10）输出工作文件（Output Job File）。执行"输出工作文件"命令，将会打开一个集成化的项目输出窗口，设计人员可以在该窗口中选择自己需要输出的对象，并实现输出操作。

图 1-8 工程子菜单命令

（11）数据库链接文件（Database Link File）。使用数据库链接文件链接数据库中的字段到设计项目中的参数名。

（12）工程（Project）。该菜单具有一个子菜单，如图 1-8 所示，其中包括以下几个命令。

1）PCB 工程。执行"PCB 工程"命令可以打开或生成一个印制电路板（PCB 设计项目），在该项目中可以进行原理图的绘制、PCB 印制电路板的设计、VHDL 程序的编写等设计工作，也可以直接在工作区单击"Create a new Board Level Design Project"图标执行该命令。

2）FPGA 工程。执行"FPGA 工程"命令可以启动现场可编程门阵列项目设计模块，在其中也可以添加原理图的绘制、PCB 的设计、VHDL 程序的编写模块设计工作。

3）内核工程。执行该命令可以打开 IP 核的设计模块。设计的 IP 核可以用于 FPGA 的设计。

4）集成库。执行"集成库"命令可以启动集成化库的管理模块，然后用户可以分别创建原理图元件库、PCB 封装元件库和 VHDL 库，并可以将这些库集成到集成化库中，保存为 .LibPkg 文件。

5）嵌入式工程。执行"嵌入式工程"命令启动嵌入式系统项目设计模块，在其中也可以添加原理图的绘制、PCB 的设计、VHDL 程序的编写模块设计工作。

6）脚本工程。执行"脚本工程"命令后可以创建脚本文件。

（13）库。该菜单具有一个子菜单，如图 1-9 所示，其中包括以下几个命令。

1）原理图库的管理。执行"原理图库"命令可打开管

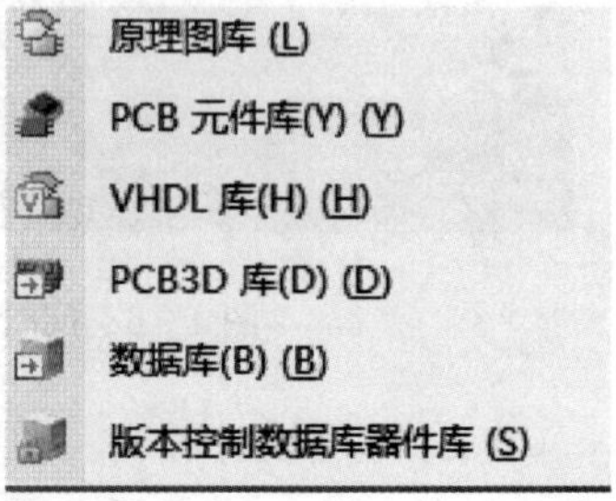

图 1-9 库子菜单的命令

理元件库的模块，进行相应的操作。

2）PCB 库的管理。执行"PCB 元件库"命令即可启动 PCB 封装库的管理模块，进行封装的制作等操作。

3）VHDL 库管理。执行"VHDL 库"命令后即可启动 VHDL 的库管理模块，可进行 VHDL 库的相应操作。

4）PCB3D 库的管理。执行"PCB3D 库"命令即可启动 PCB3D 库的管理模块。

5）数据库的库管理。执行"数据库"命令后可以将数据库的域链接到设计项目参数中来，从而建立设计项目和数据库的关系，这样有助于设计参数的修改。

6）SVN 数据库的库管理。执行"版本控制数据库器件库"命令后可以建立允许源控制的库。即将原理图符号和封装模型置于更高一级的库和元件管理数据库中，从而有助于基于版本的库建立和维护等操作。该库的后缀名为 .SVNDBLib，实际上就是普通数据库 .DBLib 的扩展。

（14）脚本文件（Script Files）。该子菜单包含两类命令，如下所示。

1）脚本单元（Script Unit）。执行该类选项命令后，用户可以创建脚本文件。脚本文件的类型包括 Delphi、VB、Java 和 TCL 等。

2）脚本表（Script Form）。选择该类选项后，系统会弹出一个标准的脚本格式文件，用户可以在其中填入自己的内容，从而创建自己的脚本表文件。脚本表文件的类型包括 Delphi、VB、Java 等。

（15）混合信号仿真（Mixed - signal Simulation）。该选项包含一个子菜单，有如下的命令。

1）AdvancedSim Model。建立仿真模型。

2）AdvancedSim Netlist。建立仿真网络表。

3）AdvancedSim Sub - Circuit。建立仿真子电路模块。

（16）其他命令（Other）。该子菜单中包括一些其他辅助命令，比如创建约束文件（Constraint File）、VHDL 测试平台文件（VHDL Testbench）、EDIF 文档、网络表文档等。

（17）设计工作区（Design Workspace）。执行该命令后，会关闭当前打开的项目文件，并开始一个新的工作空间，用户可以在新的工作空间创建新的项目。

建立了设计项目后，可以在不同的编辑器之间进行切换，例如，在原理图编辑器和 PCB 编辑器之间切换。设计管理器将根据当前所工作的编辑器来改变工具栏和菜单。一些工作区面板的名称最初会显示在工作区右下角。在这些名称上单击将会弹出面板，这些面板可以通过移动、固定或隐藏来适应不同的工作环境。

1.4.3 文件工作区面板介绍

除了可以使用 File 菜单命令创建文件和打开已有文件操作外，还可以直接使用文件工作区面板中的相关命令，可以选择 View/Workspace Panels/System/Files 命令显示文件工作区面板。

文件工作区面板包括打开文件、打开项目文件、新建项目或文件、由已存在的文件新建文件、由模板新建文件等文件操作。

如果要显示其他工作面板，也可以从 View/Workspace Panels 中选择，包括项目、编译、库、信息输出、帮助等。

<h1>1.5　设置 Altium Designer 系统参数</h1>

对于刚刚接触 Altium Designer 的用户来说，了解 Altium Designer 系统参数设置是学习该软件的重要一步，因为若未设置好系统的工作环境，将会给工作带来一些不必要的麻烦。

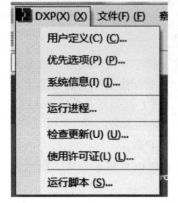

图 1‑10　DXP 菜单

用户可以执行系统的"Preferences"命令进行设置，该命令从 Altium Designer 的主页面左上角的下拉命令菜单选择，即单击 DXP 菜单选项，系统将弹出如图 1‑10 所示的菜单，此时从该菜单中选择执行"优先选项"命令，然后系统将弹出如图 1‑11 所示的系统参数设置对话框。

（1）General 选项卡。图 1‑11 所示的 General 选项卡用来设置 Altium Designer 的一般系统参数。

1）启动设置框设置每次启动 Altium Designer 后的动作，如果选中了"重启最后平台"，则下次启动 Altium Designer 时打开上次编辑操作的最后一个项目。如果选中"屏幕显示启动"复选框，则在启动时显示 Altium Designer 启动界面。

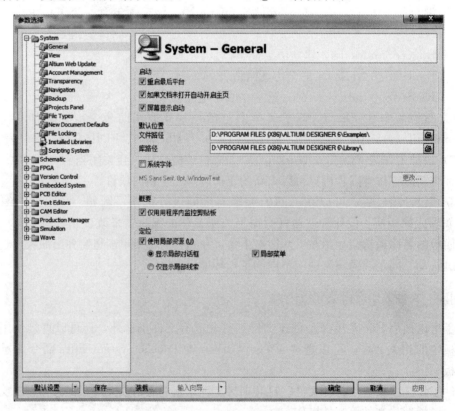

图 1‑11　系统参数设置对话框

2)"文件路径"设置默认的文件路径（创建、打开或保存文件的默认路径）。其他相关功能非常容易理解，不在此一一介绍。

3)"系统字体"用于设置系统的字体。

4)选中"仅用程序内监控剪贴板"后，则仅可以在本应用程序中查看剪贴板。

5)"定位"可以设置是否使用本地化的资源。

（2）View 选项卡。图 1-12 所示的 View 选项卡用来设置 Altium Designer 的桌面显示参数。

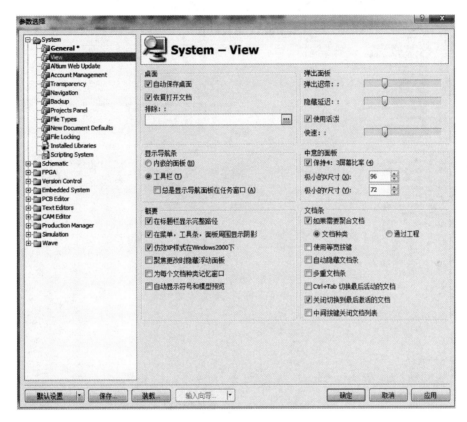

图 1-12　系统桌面显示参数设置

1)"桌面"设置框可设置 Altium Designer 运行的桌面显示情况。当选中"自动保存桌面"复选框后，系统将会在退出 Altium Designer 时自动保存桌面的显示情况，包括面板的位置和可见性、工具条的显示情况等。

2)"弹出面板"设置框用来设置面板的显示方式。"弹出迟滞"用来设置面板弹出的延时时间，时间越短则弹出速度越快；"隐藏延迟"用来设置面板隐藏的延时时间，时间越短则隐藏速度越快；"使用活泼"复选框选中后则启用活动面板，当用户启动需要操作的面板时，可以设定面板是否直接弹出或者延时。

其他相关功能非常容易理解，不在此一一介绍。

（3）Transparency 选项卡。该选项卡用来设置 Altium Designer 浮动窗口的透明情况，设置了浮动窗口为透明后，则交互编辑时，浮动窗口将在编辑区之上。

（4）Backup 选项卡。该选项卡用来设置文件备份的参数，如图 1-13 所示。

"自动保存"设置框主要用来设置自动保存的一些相关参数。选中"每次自动保存"复选框后，则可在一定的时间内自动保存当前编辑的文档，时间间隔可在其后面的编辑框中设置，最长的时间间隔为120min。

"保存版本数目"设置框用来设置自动保存文档的版本数，最多可保存10个版本。

用户还可以在"路径"设置框中输入文件的自动保存目录，也可以单击按钮 选择一个目录。

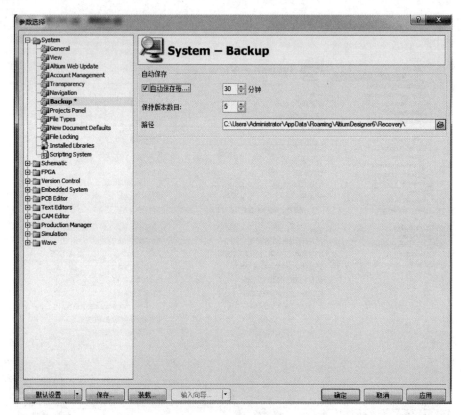

图1-13 文件备份参数设置

（5）Projects Panel 选项卡。如图1-14所示，此时可以设置项目面板的操作。用户可以根据自己的设计需要选择项目面板的显示状态和条目。

（6）File Types 选项卡。如图1-15所示，此时可以设置所支持的文件扩展类型。

（7）New Document Defaults 选项卡。用户可以选择默认的新建项目文件的类型模板，当选择了一个默认的文件模板时，在创建该类型的新文件时，就会直接载入默认文件的模板类型。

（8）File Locking 选项卡。用户可以设置文件是否锁定，如果设置了锁定，那么当前的Altium Designer 程序就需要获取该文件所有权才能进行全面操作，否则程序就不能保存对该文件的修改。

（9）Installed Libraries 选项卡。显示所记载的库文件，也可以从这个选项卡中进行操作以载入需要的库文件。其他相关的设置，比如原理图的设计选项、PCB的设计选项、VHDL的设计选项等，都可以在这个集成环境中设置。有关这些设置将在后面的章节中讲解。

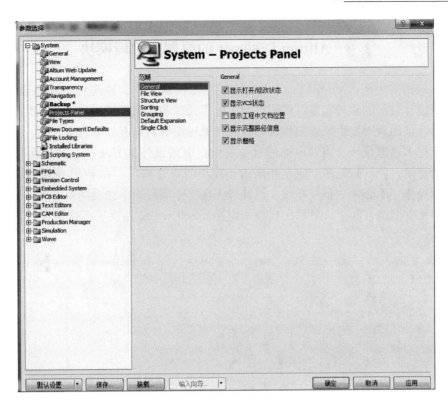

图 1-14　项目面板设置

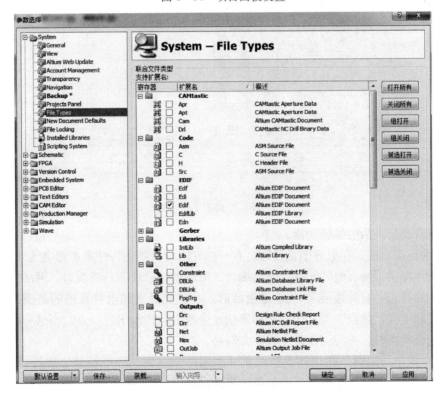

图 1-15　支持文件扩展类型设置

1.6 Altium Designer 的原理图编辑模块

原理图编辑模块是 Altium Designer 的主要功能模块之一。原理图是电路设计的起点，是一个用户设计目标的原理实现。图形主要由电子元件和线路组成，如图 1-16 所示为一个原理图文件，该原理图是由原理图模块生成的。原理图模块具有如下特点。

（1）支持多通道设计。随着电路的日益复杂，电路设计的方法也日趋层次化（Hierarchy）。也就是说，可以简化多个完全相同的子模块的重复输入，在 PCB 编辑时也提供这些模块的复制操作，不必一一布局布线。设计者先在一个项目中单独绘制及处理好每一个子电路，然后再将它们组合起来，最后完成整个电路。Schematic 提供了多通道设计所需的全部功能。

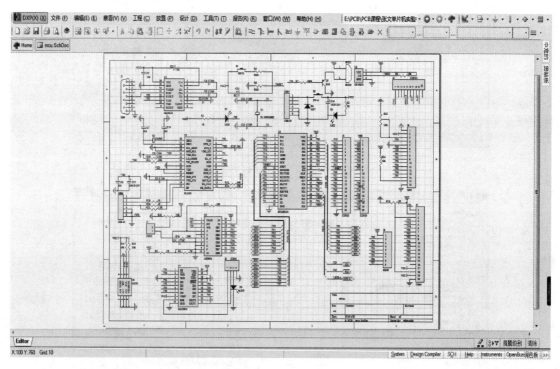

图 1-16 原理图文件实例

（2）丰富而又灵活的编辑功能。

1）自动连接功能。在原理图设计时，有一些专门的自动化特性来加速电气元件的连接。电气栅格特性提供了所有电气元件（包括端口、原理图、总线、总线端口、网络标号、连线和组件等）的真正"自动连接"。当它被激活时，一旦光标走到电气栅格的范围内，它就自动跳到最近的电气"热点"上，接着光标形状发生改变，指示出连接点。当这一特性和自动连接特性配合使用时，连线工作就变得非常轻松。

2）交互式全局编辑。在任何设计对象（如组件、连线、图形符号、字符等）上双击，都可打开它的对话框。对话框显示该对象的属性，可以立即进行修改，并可将这一修改扩展到同一类型的所有其他对象，即进行全局修改。如果需要，还可以进一步指定全局修改的范围。

3）便捷的选择功能。设计者可以选择全体，也可以选择某个单项，或者一个区域。在选择项中，还可以不选某项，也可以增加选项。已选中的对象可以移动、旋转，还可以使用标准的 Windows 系统下的命令，如 Cut（剪切）、Copy（复制）、Paste（粘贴）、Clear（清除）等。

（3）强大的设计自动化功能。

1）在 Altium Designer 中，原理图不仅仅是绘制原理图，还包含关于电路的连接信息。可以使用连接检查器来验证设计。当编辑项目时，Altium Designer 将根据在 Error Reporting（错误报告）和 Connection Matrix（连接矩阵）选项卡中的设置来检查错误，如果有错误发生，则会显示在 Messages 面板上。

2）自动标注。在设计过程中的任何阶段，都可以使用"自动标注"功能（一般是在设计完成时使用），以保证无标号跳过或重复。

（4）在线库编辑及完善的库管理。

1）Altium Designer 不仅可以打开任意数目的库，而且不需要离开原来的编辑环境就可以访问元件库，通过计算机网络还可以访问多用户库。

2）元件可以在线浏览，也可以直接从库编辑器中放置到设计图纸上，不仅元件之间可以增加或修改，而且原理图和元件库之间也可以进行相互修改。

3）原理图提供丰富的元件库，包括 AMD、Intel、Motorola、Texas Instruments、National Instruments、Maxim、Xilinx、PSpice、Spice 仿真库等。

（5）电路信号仿真模块。Altium Designer 提供了功能强大的数/模混合信号电路仿真器 Mixed Sim，能提供连续的模拟信号和离散的数字信号仿真。运行 Altium Designer 集成环境，与 Advanced Schematic 原理图输入程序协同工作，作为 Advanced Schematic 的扩展，为用户提供了一个完整的从设计到验证的仿真设计环境。

在 Altium Designer 中执行仿真，只需简单地从仿真用元件库中放置所需的元件，连接好原理图，加上激励源，然后单击仿真按钮即可自动开始。

（6）信号完整性分析。Altium Designer 包含一个高级信号完整性仿真器，能分析 PCB 设计和检查设计参数，测试过冲、下冲、阻抗和信号斜率。如果 PCB 上任何一个设计要求（设计规则指定的）有问题，即可对 PCB 进行反射或串扰分析，以确定问题的所在。

1.7 Altium Designer 的 PCB 模块

印制电路板（PCB）是原理图到制板的桥梁，设计了原理图后，需要根据原理图设计印制电路板，继而制作电路板。如图 1-17 所示为由原理图生成的 PCB 图。Altium Designer 的 PCB 模块具有如下主要特点。

（1）32 位的 EDA 系统。

1）PCB 可支持设计层数为 32 层、板图大小为 2540mm（2540mm 或 100in）的多层电路板。

2）可做任意角度的旋转，分辨率为 0.001°。

3）支持水滴焊盘和异型焊盘。

15

（2）丰富而灵活的编辑功能。

1）交互式全局编辑功能、便捷的选择功能、多层撤销或重做功能。

2）支持飞线编辑和网络编辑功能，用户无须生成新的网络表即可完成对设计的修改。

3）手工重布线可自动去除回路。

4）PCB图能同时显示元件管脚号和连接在管脚上的网络标号。

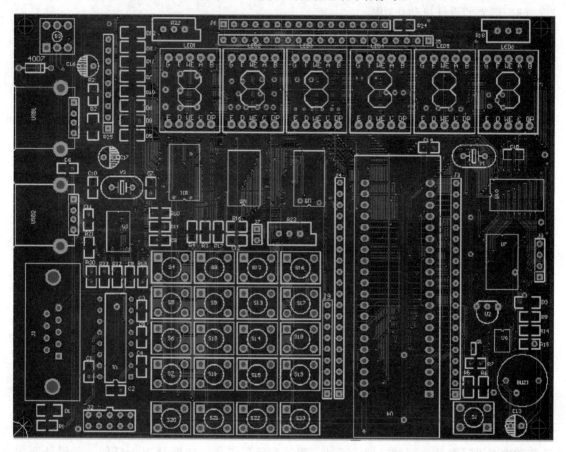

图 1 - 17　PCB 图实例

（3）强大的设计自动化功能。

1）具有超强的自动布局能力，采用了基于人工智能的全局布局方法，可以实现 PCB 板面的优化设计。

2）高级自动布线器采用拆线重试的多层迷宫布线算法，可同时处理所有信号层的自动布线，并可对布线进行优化。可选的优化目标有：使过孔数目最少、使网络按指定的优先顺序布线等。

3）支持 Shape - based（基于形状）的布线算法，可完成高难度、高精度 PCB（如 486 以上微机主板、笔记本电脑的主板等）的自动布线。

4）在线 DRC（设计规则检查），在编辑时，系统可自动指出违反设计规则的错误。

（4）在线式库编辑及完善的库管理。设计者不仅可以打开任意数目的库，而且不需要离开原来的编辑环境就可访问、浏览元件封装库。通过计算机网络还可以访问多用户库。

（5）完备的输出系统。

1）支持 Windows 平台下所有外围输出设备，并能预览设计文件。

2）能生成 CAM 文件等。

3）能生成 NC Drill（NC 钻孔）文件等。

1.8 Altium Designer 文件管理

在进入具体的设计操作之前，需要创建新的设计项目，一般用户可以根据需要决定设计项目的形式。前面已经讲述了 Altium Designer 可以创建哪些项目，本节将讲述 Altium Designer 文件的管理。

当用户启动 Altium Designer 后，可以执行"文件"菜单上的"新建"命令，从"新建"子菜单中选择建立目标文件，包括 PCB、原理图、FPGA、VHDL 以及相关的库文件，也可以从桌面的操作面板上选择建立的文件对象，如图 1－18 所示为建立一个 PCB 项目文件。此时可以执行"文件"菜单中的命令，实现项目文件的保存、向项目中添加新的文件对象等操作。

（1）保存项目文件。当新建一个设计项目时，该项目文件默认的文件名为"＊＊＊Project1. Prj＊＊＊"，其中"＊＊＊"表示创建的项目类型，不同的项目该字符串不同。如图 1－18 所示创建的 PCB 设计项目，则＊＊＊以 PCB 表示。创建了项目后，就需要对该项目进行保存，此时可以执行 Save Project 命令，在系统弹出的对话框中选择保存路径并输入文件名即可。

图 1－18　建立一个 PCB 项目文件

注意：在创建新文件时，除了可以创建项目文件外，用户也可以直接创建设计对象文件，比如直接创建原理图文件，此时文件就不是以项目来表示，而是一个单独的设计对象文件，如图 1－19 所示即为直接创建的原理图设计文件。文件后缀名对应的文件对象见表1-1。

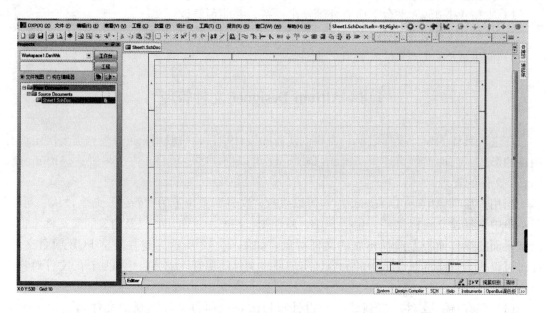

图1-19 直接创建的原理图设计文件

表1-1 **Altium Designer 的文件后缀名所对应的文件对象**

文件后缀名	文件对象	文件后缀名	文件对象
. SchDoc	原理图文件	. SchLib	原理图的库文件
. PcbDoc	印制电路板文件	. PcbLib	印制电路板的库文件
. PrjPCB	板级设计项目文件	. PCB3DLib	印制电路板的三维库文件
. PrjFpg	FPGA 设计项目文件	. Cam	辅助制造工艺文件
. Vhd	VHDL 设计文件	. Txt	纯文本文件
. PrjEmb	嵌入式项目文件	. LibPkg	集成库文件
. CAM	Altium辅助制造文件	. Drl	Altium辅助制造 NC 钻孔二进制数据文件

（2）打开。打开已存在的设计项目库或其他文件。执行该命令后，系统将弹出打开文件对话框，用户可以选择需要打开的文件对象或设计项目文件。

如果用户仅仅打开一个项目文件，则可以执行"打开工程"命令，此时只能打开单种项目文件。

（3）关闭当前已经打开的设计文件或项目文件，可以执行快捷菜单中的"Close Project"命令，关闭项目。文件操作快捷菜单如图1-20所示，要弹出该菜单，只需右击项目文件即可。

当用户要关闭一个正在编辑操作的对象文件时，则可以右击文件名处，系统将弹出如图1-21所示的快捷菜单，单击"关闭"按钮即可以关闭该文件。

用户也可以将光标移到打开的文件标签上，然后单击鼠标右键，系统将弹出如图1-22所示的快捷菜单，选择关闭选项即可。

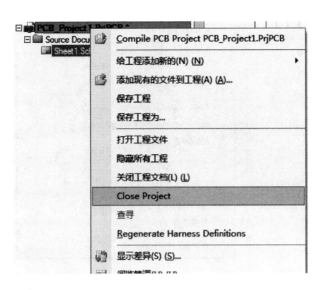

图 1-20 项目文件操作快捷菜单

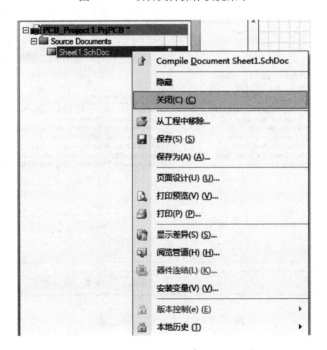

图 1-21 对象文件操作快捷菜单

(4) 导入向导 (Import Wizard),将其他文件导入到当前设计数据库,成为当前设计数据库中的一个文件,选取此菜单项的命令,将会打开导入文件向导,然后逐步操作即可。如图 1-23 所示,用户可以选取所需要的任何文件,将此文件包含到当前设计数据库中。

Altium Designer 可以导入的文件对象包括 Protel 99 SE 的 DDB 文件、PCAD 文件以及 OrCAD 设计文件等。

(5) 执行 Smart PDF 命令,可以对当前文档进行操作,从而生成 PDF 文档。这个命令对于用户来说非常方便、有用。

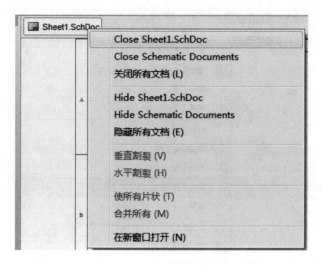

图 1-22　文件操作快捷菜单

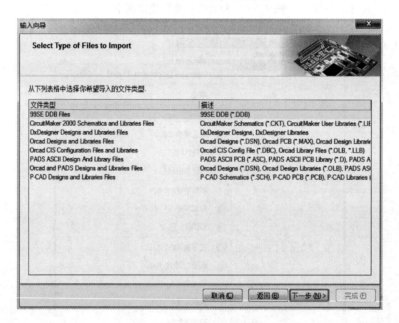

图 1-23　导入文件向导对话框

（6）用户可以直接从 File 菜单中打开最近使用过的文件，Altium Designer 分别提供了"Recent Documents"、"Recent Projects" 和 "Recent Project Groups" 子菜单，可以很方便地打开使用过的文件或项目文档。

如果已经打开了原理图文件或者 PCB 文件，则在 File 菜单中会有更多的命令，这些将在后面有关章节补充讲解。

1.9　设置和编译项目

建立新的 Altium Designer 项目后，一般可以对其选项进行设置，包括错误检查规则、连接矩阵、比较设置、ECO（工程变化顺序）生成、输出路径和网络表选项，用户也可以指定任何项目规则。设置了项目后，在编辑该项目时，Altium Designer 将使用这些设置。

当项目被编辑时，详尽的设计和电气规则将应用于验证设计。当所有错误被解决后，原理图设计的再编辑将被生成的 ECO 加载到目标文件，如一个 PCB 文件。项目比较允许用户找出源文件和目标文件之间的差别，并在相互之间进行同步更新。

所有与项目有关的操作，如错误检查、比较文件和 ECO 生成均在工程参数设置（项目选项设置）对话框中设置，如图 1-24 所示，项目选项设置操作如下。

（1）选择执行"工程"→"工程参数"命令，系统将弹出如图 1-24 所示的 Options for Project 对话框。

（2）所有与项目有关的选项均通过这个对话框进行设置。

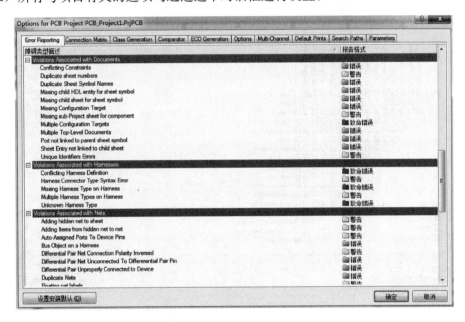

图 1-24　工程参数设置对话框

1.9.1　检查原理图的电气参数

在进行 PCB 设计之前，需要对设计的原理图进行电气参数检查。在 Altium Designer 中，原理图包含有关电路的连接信息。可以使用连接检查器来验证原理图设计的正确性。进行电气参数检查时，可以在 Error Reporting 和 Connection Matrix 选项卡中设置所检查的对象，如果有错误发生，则会显示在 Messages 面板上。

1. 设置错误报告

工程参数设置对话框中的 Error Reporting 选项卡用于设置设计草图检查，如图 1-24 所示。报告模式（Report Mode）表明违反规则的严格程度。如果要修改 Report Mode，单击需要修改的与违反规则对应的 Report Mode，并从下拉列表中选择严格程度。在本文的实例设计中将使用默认设置。

2. 设置连接矩阵

工程参数设置对话框中的 Connection Matrix 选项卡（见图 1-25）显示的是错误类型的

Altium Designer印制电路板设计与制作教程

严格性，其将在设计运行电气连接检查时产生错误报告，如引脚间的连接、元件和图样输入等是否存在错误等。这个矩阵给出了一个在原理图中不同类型的连接点以及是否被允许的图表描述。

例如，在矩阵的右边找到 Output Pin，从这一行找到 Open Collector Pin 列。在它的相交处是一个橙色的方块，其表示在原理图中从一个 Output Pin 连接到一个 Open Collector Pin 的颜色将在项目被编辑时启动一个错误条件。

可以用不同的错误程度来设置每一个错误类型，例如对某些非致命的错误不予报告，修改连接错误的操作方式如下。

（1）单击 Options for Project 对话框的 Connection Matrix 选项卡，如图 1-25 所示。

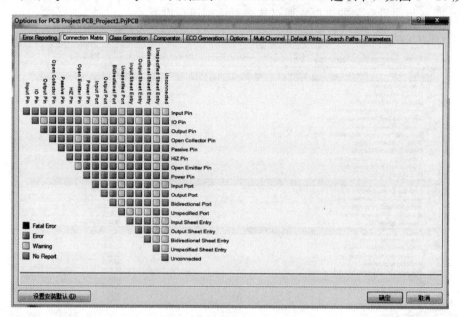

图 1-25 Connection Matrix 选项卡

（2）单击两种类型连接相交处的方块，例如 Output Sheet Entry 和 Open Collector Pin。

（3）在方块变为图例中 Error 表示的颜色时停止单击，例如一个橙色方块表示一个错误，表示这样的连接错误是否被发现。

1.9.2 类设置

工程参数设置对话框中的 Class Generation（类生成）选项卡（见图 1-26）用于设置项目编译后产生的类。用户可以选择生成的类，包括总线网络类（Net Classes for Buses）、元件网络类（Net Classes for Components）。用户也可以定义相应的类，包括元件类和网络类。

1.9.3 比较器设置

工程参数设置对话框中的 Comparator（比较器）选项卡（见图 1-27）用于设置当一个项目被修改时，给出文件之间的不同或者忽略这些不同。本书实例一般不需要将一些仅表示原理图设计等级特性（如 rooms）之间的不同显示出来。设置比较器的操作过程如下。

22

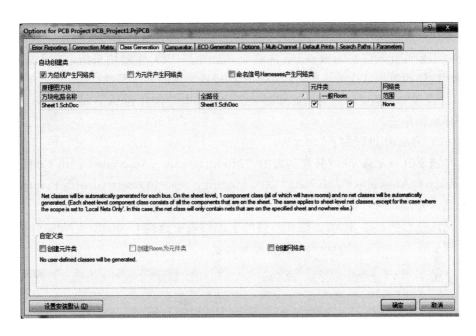

图 1-26 Class Generation 选项卡

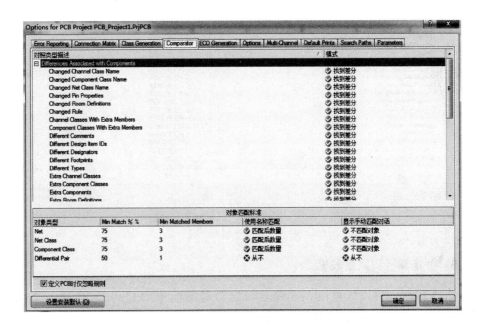

图 1-27 Comparator 选项卡

（1）单击 Comparator 选项卡并在 Difference Associated with Components 单元或其他单元找到需要设置的对象选项。

（2）从这些选项右边 Mode 列的下拉列表中选择 Find Differences（找到差分）或者 Ignore Differences（忽略差分）。

（3）设置完毕后，关闭对话框，然后就可编辑项目，并检查所有错误。

1.9.4　ECO 设置

ECO（工程变化顺序）Generation 选项卡（见图 1 - 28）主要用来指定在生成一个工程变化顺序时的修改类型，这个生成过程是基于比较器发现的差异而进行的。

ECO 的设置非常重要，因为由原理图装载元件和电气信息到 PCB 编辑器时，主要是依据这个顺序来操作的。

设置 ECO 的操作过程如下。

（1）单击 ECO Generation 并在列表的 "Modifications - Associated with Components"、"Modifications - Associated with Nets" 和 "Modifications - Associated with Parameters" 等单元中找到需要设置的对象选项。

（2）从这些选项右边 Mode（模式）列的下拉列表中选择 Generate Change Orders（产生更改顺序）或 Ignore Differences（忽略差分）。

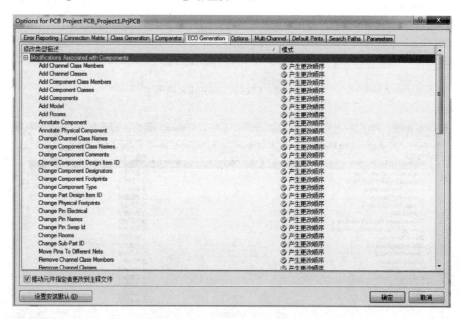

图 1 - 28　ECO 选项卡

1.9.5　输出路径和网络表设置

输出路径和网络表设置可以在工程参数设置对话框中的 Options 选项卡实现，如图 1 - 29 所示。其中可以分别设置输出选项和网络表选项以及输出路径。

（1）Output Path（输出路径）编辑框设置输出的路径，也可以直接单击按钮⊜选择输出路径。

（2）Output Options（输出选项）编辑框用来设置输出选项，其中包括：Open outputs after compile（编译后打开输出）、Timestamp folder（时间表文件夹）、Archive project document（将工程文档存档）、Use separate folder for each output type（为每个输出类型应用分、离文件夹）。

（3）Netlist Options（网表选项）编辑框用来设置网络表选项，其中包括：Allow Ports

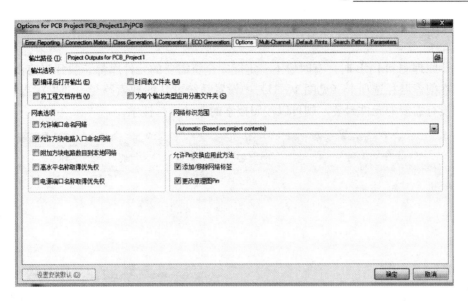

图 1-29　Options 选项卡

to Name Nets（允许端口命名网络）、Allow Sheet Entries to Name Nets（允许方块电路入口命名网络）、Append Sheet Numbers to Local Nets（附加方块电路数目到本地网络）等。

1.9.6　多通道设置

Altium Designer 提供了强大的模块化设计功能，设计人员不但可以实现层次原理图设计，而且还可以实现多通道设计，如单个模块多次复用可以由多通道设计来实现。

如图 1-30 所示为多通道设置选项卡，单击工程参数设置对话框中的 Multi-Channel 选项卡，即可进入多通道设置选项卡。在该选项卡中，可以设置 Room（方块）的命名格式以及元件的命名格式。

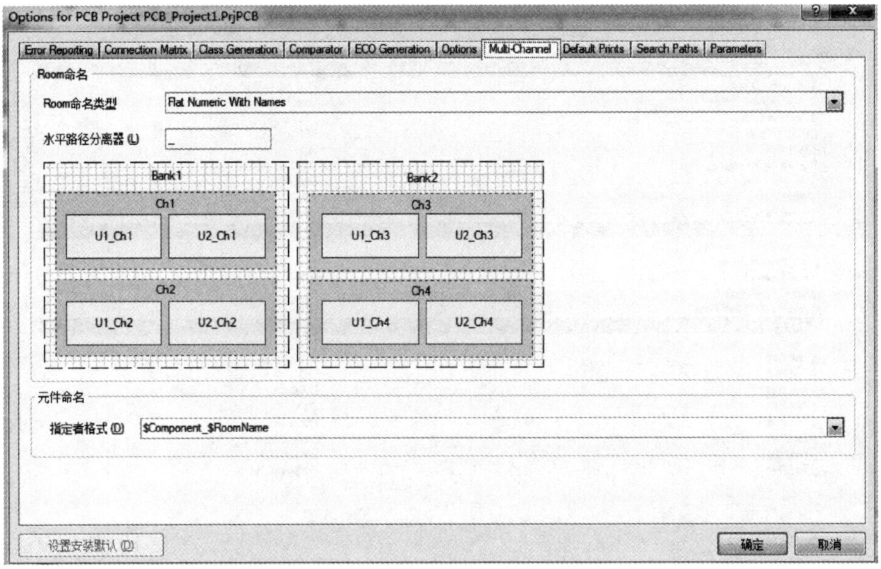

图 1-30　多通道设置选项卡

1.9.7 搜索路径设置

在设计原理图和PCB时，有时候不一定能完全将需要的元件库都装载到当前设计状态，此时可以在搜索路径选项卡（见图1-31）中设置系统默认的搜索路径。如果在当前安装的元件库中没有需要的元件封装，则可以按照搜索的路径进行搜索。

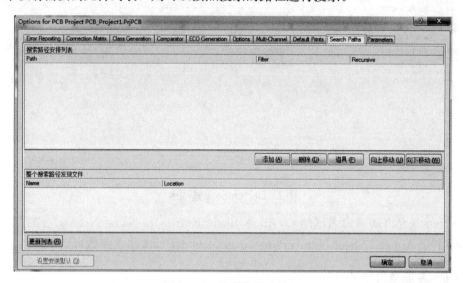

图1-31 搜索路径选项卡

1.9.8 设置项目打印输出

打印输出在电路设计中很重要，包括打印和输出文件。项目打印输出的设置是在工程参数设置对话框中的打印设置选项卡内进行的，如图1-32所示。

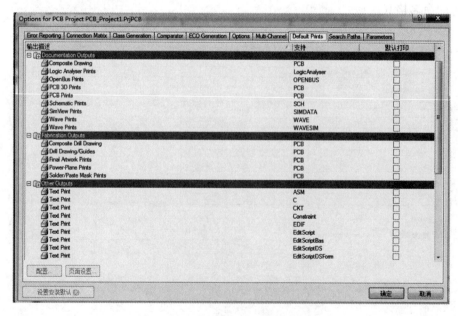

图1-32 项目打印输出设置对话框

（1）选择需要设置的输出选项。如果 Configure（配置）按钮是激活的（不呈灰色），那么就能修改该输出的设置，分别可以进行项目的输出配置设置、页面设置（Page Setup）。在页面设置中，还可以进行打印（Print）设置、绘图仪或打印机（Printer）设置。

（2）完成设置后单击 Close，关闭项目输出设置。

在讲述到具体的图形打印输出时，将详细介绍如何设置并打印图形、输出项目文档。

1.9.9 编译项目

编译一个项目就是在一个调试环境中，检查设计的文档草图和电气规则错误。对于电气规则和错误检查等可以在项目选项中设置。编译项目的操作步骤如下。

（1）打开需要编译的项目，然后执行"工程"→"Compile PCB Project"命令。

（2）当项目被编译时，任何已经启动的错误均将显示在设计窗口下部的 Messages 面板中。被编辑的文件与同级的文件、元件和列出的网络以及一个能浏览的连接模型一起显示在 Compiled 面板中，并且以列表方式显示。

如果电路绘制正确，Messages 面板中不会有错误报告。如果报告给出错误，则需要检查电路，并确认所有的导线和连接是否正确。

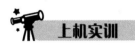

安装和初步使用 Altium Designer。

第 2 章

Altium Designer 原理图设计基础

2.1 原理图的设计步骤

2.1.1 电路设计的一般步骤

一般来说，一个产品的电路设计的最终表现为印制电路板，为了获得印制电路板，整个电路设计过程基本可以分为 5 个主要步骤。

(1) 原理图的设计。主要是利用 Altium Designer 的原理图设计系统来设计原理图。

(2) 生成网络表。网络表是原理图设计与印制电路板（PCB）设计之间的一座桥梁。网络表可以从原理图中获得，也可从印制电路板中提取。

(3) 印制电路板的设计。印制电路板的设计主要是借助 Altium Designer 提供的强大功能实现电路板的板面设计，并可以完成高难度的布线工作。

(4) 生成印制电路板报表并打印印制电路板图。设计了印制电路板后，还需要生成印制电路板的有关报表，并打印印制电路板图。

(5) 生成钻孔文件和光绘文件。在 PCB 制造之前，还需要生成 NC 钻孔（NC Drill）文件和光绘（Gerber）文件。

整个电路板的设计过程首先是编辑原理图，然后由原理图文件向 PCB 文件装载网络表，最后再根据元件的网络连接进行 PCB 的布线工作，并生成制造所需要的文件，如 NC 钻孔文件和光绘文件。下面先认识一下原理图设计的有关知识。

2.1.2 原理图设计的一般步骤

原理图设计是整个电路设计的基础，它决定了后面工作的进展。一般地说，设计一个原理图的工作包括：设置原理图图纸大小，规划原理图的总体布局，在图纸上放置元件，进行走线，然后对各元件及走线进行调整，最后保存并打印输出。原理图的设计过程一般可以按如图 2-1 所示的设计流程进行。

(1) 启动 Altium Designer 原理图编辑器。用户首先必须启动原理图编辑器，才能进行设计绘图工作，该操作可参考 2.2 节。

(2) 设置原理图图纸大小及版面。设计绘制原理图前，必须根据实际电路的复杂程度来设置图纸的大小。设置图纸的过程实际上是一个建立工作平面的过程，用户可以设置图纸的大小及方向、网格大小以及标题栏等。

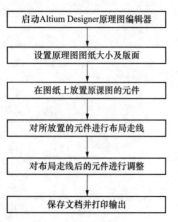

图 2-1 原理图设计的一般流程

(3) 在图纸上放置原理图的元件。这个阶段，就是用户根据实际电路的需要，从元件库里取出所需的元件放置到工作平面上。用户可以根据元件之间的走线等联系，对元件在工作平面上的位置进行调整、修改，并对元件的编号、封装进行定义和设置等，为下一步工作打好基础。

（4）对所放置的元件进行布局走线。该过程实际就是一个画图的过程。用户利用 Altium Designer 提供的各种工具、指令进行走线，将工作平面上的元件用具有电气意义的导线、符号连接起来，构成一个完整的原理图。

（5）对布局走线后的元件进行调整。在这一阶段，用户利用 Altium Designer 所提供的各种强大功能对所绘制的原理图进行进一步的调整和修改，以保证原理图的美观和正确性。这就需要对元件位置重新调整，导线位置删除、移动，更改图形尺寸、属性及排列等。

（6）保存文档并打印输出。这个阶段是对设计完的原理图进行保存、打印操作。这个过程实际是对设计的图形文件输出的管理过程，是一个设置打印参数和打印输出的过程。

2.2　创建新原理图文件

前面讲述了如何建立项目和对象文件，以及项目文件的相关操作。建立了项目后，需要在项目中进行具体的设计工作，这就要求建立相关的文件，比如原理图文件、印制电路板文件等。

1. 创建新的原理图文件

当建立了新的项目文档后，就可以执行“文件”菜单中“新建”子菜单的相关命令，或从快捷菜单中执行相关命令，建立新的设计文件。比如在项目文档中创建一个原理图设计文件，则可以执行“文件”→“新建”→“原理图”命令，系统将创建一个如图 2-2 所示的原理图文件，其默认的文件名为 Sheet1. SchDoc，如创建多个原理图文件，则默认的文件名按序号依次排列。

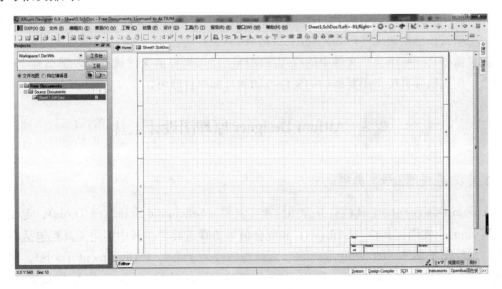

图 2-2　新建的原理图文件

然后可以通过执行“文件”→“另存为”（或者“保存”）命令，将新原理图文件重命名

（扩展名为 . SchDoc）。此时系统弹出如图 2-3 所示的对话框，在该对话框中可以指定这个原理图保存的位置和文件名，如命名为 Sheet1. SchDoc，并单击"保存"。

图 2-3　保存原理图文件

当建立了新的空白图纸后，会发现工作区发生了变化，主工具栏增加了一组新的按钮，新的工具栏出现，并且菜单栏增加了新的菜单项。现在就可以进行原理图编辑了。

2. 将原理图添加到项目中

如果已经绘制了一张原理图，并且保存为一个文件，那么可以将该文件直接添加到项目中。用户只需要执行"工程"→"添加现有文件到工程"命令，即可以选择已有的原理图文件，并且可直接添加到项目中。

另外，用户还可以直接从 Project 菜单或右键菜单中执行"工程"→"给工程添加新的"命令，向项目添加新的文件，如原理图文件、PCB 文件等。

如果需添加到一个项目文件中的原理图图样已经作为自由文件被打开，那么在 Projects 面板上，使用鼠标直接将需要添加的文件拖动到目标项目即可。

2.3　Altium Designer 原理图设计工具

2.3.1　原理图设计工具栏

Altium Designer 的工具栏有原理图标准工具栏（Schematic Standard Tools）、走线工具栏（Wiring）、实用工具栏（Utilities）和混合信号仿真工具栏。其中实用工具栏包括多个子菜单，即绘图子菜单（Drawing Tools）、元件位置排列子菜单（Align ment Tools）、电源及接地子菜单（Power Sources）、常用元件子菜单（Digital Devices）、信号仿真源子菜单（Simulation Sources）、网格设置子菜单（Grids）等，如图 2-4 所示。充分利用这些工具会极大地方便原理图的绘制，下面介绍几个主要工具栏的打开与关闭。

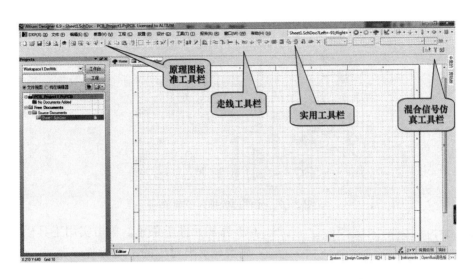

图 2－4　原理图绘制工具栏说明

1. 原理图标准工具栏

打开或关闭原理图标准工具栏可执行菜单的"查看"→"工具条"→"原理图标准"命令，如图 2－5 所示。

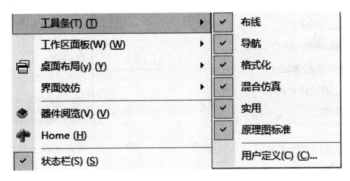

图 2－5　装载工具栏菜单

2. 走线工具栏

打开或关闭走线工具栏可执行菜单的"查看"→"工具条"→"布线"命令。

3. 实用工具栏

该工具栏包含多个子菜单选项。

（1）绘图子菜单。单击实用工具栏上的按钮 ，会显示出对应的绘图子菜单，如图 2－6 所示。

（2）元件位置排列子菜单。单击实用工具栏上的按钮 ，会显示出对应的元件位置排列子菜单，如图 2－7 所示。

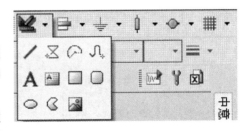

图 2－6　绘图子菜单

（3）电源及接地子菜单。单击实用工具栏上的按钮 ，会显示出对应的电源及接地子菜单，如图 2－8 所示。

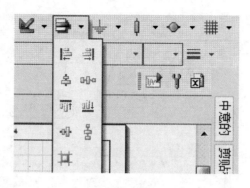

图 2-7　元件位置排列子菜单

图 2-8　电源及接地子菜单

（4）常用元件子菜单。单击实用工具栏上的按钮 ，则会显示出对应的常用元件子菜单，如图 2-9 所示。

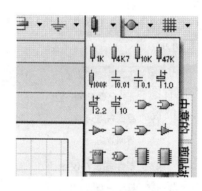

图 2-9　常用元件子菜单

（5）信号仿真源子菜单。单击实用工具栏上的按钮 ，则会显示出对应的信号仿真源子菜单，如图 2-10 所示。

（6）网格设置子菜单。单击实用工具栏上的按钮 ，则会显示出对应的网格设置子菜单，如图 2-11 所示。

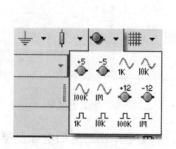

图 2-10　信号仿真源子菜单

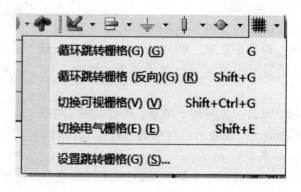

图 2-11　网格设置子菜单

4. 混合信号仿真工具栏

打开或关闭混合信号仿真工具栏可执行菜单的"查看"→"工具条"→"混合仿真"命令。

2.3.2　图纸的放大与缩小

电路设计人员在绘图的过程中，需要经常查看整张原理图或只查看某一个局部，所以要经常改变显示状态，使绘图区放大或缩小。

1. 使用键盘实现图纸的放大与缩小

当系统处于其他绘图命令下时，用户无法用鼠标去执行一般的命令，此时若要放大或缩小显示状态，必须采用功能键来实现。

（1）放大。按 PageUp 键，可以放大绘图区域。

（2）缩小。按 PageDown 键，可以缩小绘图区域。

（3）居中。按 Home 键，可以从原来光标下的图纸位置，移位到工作区中心位置显示。

（4）更新。按 End 键，对绘图区的图形进行更新，恢复正确的显示状态。

（5）移动当前位置。按↑键可上移至当前查看的图纸上部位置，按↓键可下移至当前查看的图纸下部位置，按←键可左移至当前查看图纸的左边位置，按→键可右移至当前查看图纸的右边位置。

2. 使用菜单放大或缩小图纸显示

Altium Designer 提供了"查看"菜单来控制图形区域的放大与缩小，这可以在不执行其他命令时使用这些命令，否则使用键盘操作。"查看"菜单如图 2 - 12 所示。下面介绍菜单中主要命令的功能。

（1）"适合文件"命令。该命令用于显示整个文件，可以用来查看整张原理图。

（2）"适合所有对象"命令。该命令使绘图区中的图形填满工作区。

（3）"区域"命令。该命令放大显示用户设定的区域。这种方式是通过确定用户选定区域中对角线上两个角的位置，来确定需要进行放大的区域的。首先执行此菜单命令；其次移动十字光标到目标的左上角位置，然后，将光标移动到目标的右下角适当位置，再单击鼠标左键加以确认，即可放大所框选的区域。

（4）"点周围"命令。该命令放大显示用户设定的区域。这种方式是通过确定用户选定区域的中心位置和选定区域的一个角位置，来确定需要进行放大的区域。首先执

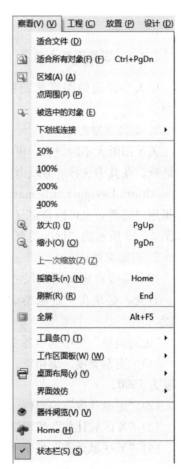

图 2 - 12　View 菜单

行此菜单命令，其次移动十字光标到目标区的中心，单击鼠标左键；然后移动光标到目标区

33

的右下角，再单击鼠标左键加以确认，即可放大该选定区域。

（5）"被选中的对象"命令。该命令可以放大或缩小所选择的对象。

（6）"下划线连接"命令。从该命令子菜单中可以选择放大亮显某种颜色加重的连接。通常可以通过执行右下角 Status 状态栏上的命令 来对电路连接进行颜色加重显示，执行命令 可以去掉电路连接的颜色加重显示。

（7）用不同的比例显示。"查看"菜单命令提供了 50％、100％、200％和 400％共 4 种显示方式。

（8）"放大"或"缩小"命令。放大/缩小显示区域，可以在主工具栏上选择 （放大）和 （缩小）按钮。

（9）"刷新"命令。更新画面。在执行滚动画面、移动元件等操作时，有时会造成画面显示含有残留的斑点或图形变形等问题，这虽然不影响电路的正确性，但不美观。这时，可以通过执行此菜单命令来更新画面。

2.4 设 置 图 纸

2.4.1 设置图纸大小

用大小合适的图纸来绘制原理图，可以使显示和打印都相当清晰，便于原理图的绘制。

1. 选择标准图纸

关于图纸大小的设置，可执行"设计"→"文档选项"命令，系统将弹出"文档选项"对话框，在其中选择"方块电路选项"选项卡进行设置，如图 2-13 所示。

Altium Designer Schematic 提供了 10 多种广泛使用的英制及公制图纸尺寸供用户选择。如果用户需要，也可以自定义图纸的尺寸。Altium Designer 提供了标准图纸，用户可以在如图 2-13 所示的"标准类型"栏的下拉列表框中选取。

2. 自定义图纸

如果需要自定义图纸尺寸，必须设置如图 2-13 所示的"定制类型"栏中的各个选项。首先，必须在"定制类型"栏中勾选"使用定制类型"复选框，以激活自定义图纸功能。

"定制类型"栏中其他各项设置的含义如下。

（1）"定制宽度"编辑框。自定义图纸的宽度，单位为 0.01in。图 2-13 中定义的图纸宽度为 1500。

（2）"定制高度"编辑框。自定义图纸的高度，图 2-13 中定义的图纸高度为 950。

（3）"X 区域计数"编辑框。X 轴参考坐标分格，图 2-13 中定义的分格数为 6。

（4）"Y 区域计数"编辑框。Y 轴参考坐标分格，图 2-13 中定义的分格数为 4。

（5）"刃宽带"编辑框。边框的宽度，图 2-13 中定义的边框宽度为 20。

根据上述参数定义的图纸大小如图 2-14 所示，这样就完成了自定义图纸。

图 2-13　Sheet Options 选项卡

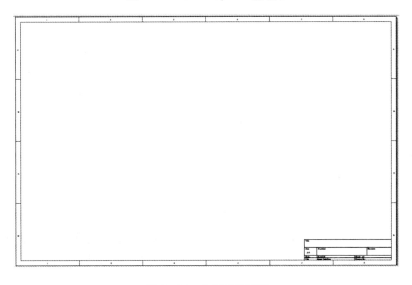

图 2-14　自定义的图纸

2.4.2　设置图纸方向

1. 设置图纸方向

图纸设置是纵向还是横向以及边框颜色的设置等，也可在图 2-13 所示的对话框中实现。

原理图允许原理图图纸在显示及打印时选择为横向（Landscape）或纵向（Portrait）格式。具体设置可在 Options 操作框中的 Orientation（方位）下拉列表框中选取。通常情况下，在绘制及显示时设为横向，在打印时设为纵向。

2. 设置图纸标题栏

Altium Designer 提供了两种预先定义好的标题栏，分别是 Standard（标准）和 ANSI

形式,如图2-15所示。具体设置可在"文档选项"操作框中"标题块"右边的下拉列表框中选取,如图2-13所示,"显示零参数"复选框用来设置边框中的参考坐标。如果选择该选项,则显示参考坐标,否则不显示,一般情况下均应该选中。

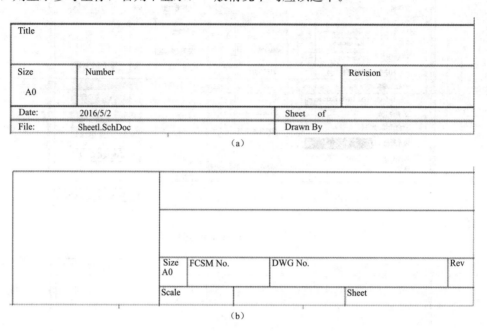

图2-15 标题栏的形式
(a) 标准形式; (b) ANSI形式

"显示边界"复选框用来设置是否显示图纸边框,如果选中则显示,否则不显示。当显示图纸边框时,可用的绘图工作区将会比较小,所以要使图纸有最大的可用工作区,可考虑将边框隐藏。不过由于某些打印机和绘图仪不能打印到图纸边框的区域,因此在实际工作中需要多实际测试几次,以决定出真正的可用工作区。另外,原理图还允许在打印时以一定的比例缩小输出,以作为补偿。"显示绘制模板"复选框主要设置是否显示画在样板内的图形、文字及专用字符串等。通常,为了显示自定义的标题区域或公司商标之类才选该项。

2.4.3 设置图纸颜色

图纸颜色设置,包括图纸边框色(Border Color)和图纸底色(Sheet Color)的设置。

(1) 在图2-13中,"边界颜色"选择项用来设置图纸边框的颜色,默认为黑色。在右边的颜色框中单击一下,系统将会弹出"选择颜色(Choose Color)"对话框,可选取新的边框颜色。

(2) "方块电路颜色"选择项用来设置图纸的底色,默认为浅黄色。要变更底色时,请在该栏右边的颜色框上双击,打开"选择颜色"对话框,然后选取新图纸底色。

"选择颜色"对话框的"基本"选项卡中的"颜色"栏列出了当前原理图可用的239种颜色,并定位于当前所使用的颜色。如果用户希望变更当前使用的颜色,可直接在"颜色"栏或"习惯的"栏中单击选取。

2.4.4　设置系统字体

在 Altium Designer 中，图纸上常常需要插入很多汉字或英文，系统可以为这些插入的文字设置字体。如果在插入文字时，不单独进行修改字体，则默认使用系统的字体。设置系统字体可以使用字体设置模块来实现。

同样在图 2-13 所示的对话框中进行设置系统字体，此时单击"更改系统字体"按钮，系统将弹出"字体设置"对话框，此时就可以设置系统的默认字体。

2.5　网格和光标设置

在设计原理图时，图纸上的网格为放置元件、连接线路等设计工作带来了极大的便利。在进行图纸的显示操作时，可以设置网格的种类以及是否显示网格，也可以对光标的形状进行设置。

2.5.1　设置网格的可见性

如果用户想设置网格是否可见，可在如图 2-13 所示的选项卡中实现。在"栅格"操作框中对 Snap 和 Visible（可见的）两个复选框进行勾选，就可以设置网格的可见性。

（1）Snap 复选框。这项设置可以改变光标的移动间距，选中此项表示光标移动时以 Snap 右边的设置值为基本单位移动，系统默认值为 10mil；不选此项，则光标移动时以 1mil 为基本单位移动。

（2）Visible 复选框。选中此项表示网格可见，可以在其右边的设置框内输入数值来改变图纸网格间的距离，图 2-13 中网格间的距离为 10mil；不选此项表示在图纸上不显示网格。

如果将 Snap 和 Visible 设置成相同的值，那么光标每次移动一个网格；如果将 Visible 设置为 20mil，而将 Snap 设置为 10mil 的话，那么光标每次移动半个网格。

2.5.2　电气网格

在如图 2-13 所示对话框的"电栅格"操作框中，其操作项与设置电气网格有关。如果选中"使能"复选框，则在画导线时，系统会以"栅格"中设置的值为半径，以光标所在位置为中心，向四周搜索电气节点。如果在搜索半径内有电气节点的话，就会将光标自动移到该节点上，并且在该节点上显示一个圆点；如果不勾选该项，则无自动寻找节点的功能。"栅格范围"设置框可用来设置搜索半径。

2.5.3　设置光标

光标是指在画图、放置元件和连接线路时的光标形状。设置光标可以执行菜单"工具"→"设置原理图参数"命令，系统弹出如图 2-16 所示的"参数选择"对话框，选取"Graphical Editing"选项。关于系统（System）在第 1 章已经讲过。

接下来，单击"指针"操作框中的"指针类型"操作选项框右边的下拉按钮，在下拉列表中可以选择光标类型，系统提供了 Large Cursor 90（90°大光标）、Small Cursor 90（90°

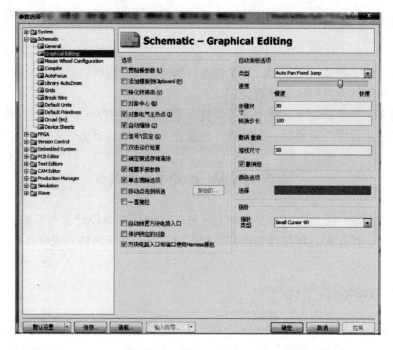

图 2-16　参数选择对话框

小光标)、Small Cursor 45 (小的 45°光标) 和 Tiny Cursor 45 (微小的 45°光标) 4 种光标类型，如图 2-17 所示。

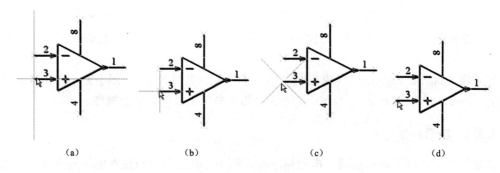

(a)　　　　　　　　(b)　　　　　　　　(c)　　　　　　　　(d)

图 2-17　光标类型

(a) 90°大光标；(b) 90°小光标；(c) 小 45°光标；(d) 微小 45°光标

2.5.4　设置网格的形状

Altium Designer 提供了两种不同形状的网格，分别是线状 (Line) 网格和点状 (Dot) 网格，如图 2-18 和图 2-19 所示。

设置网格可以通过执行菜单"工具"→"设置原理图参数"命令来实现，执行该命令后，系统将会弹出"参数选择"对话框，然后选择 Grids 选项，如图 2-20 所示。

在 Grids 选项中，单击"栅格选项"操作框的"可视化栅格"选项的下拉按钮，就可以选择所需的网格类型 (Line 或 Dot)。

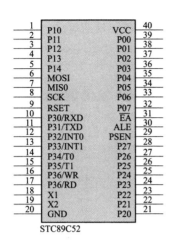

STC89C52   STC89C52

图 2-18 线状网格原理图   图 2-19 点状网格原理图

如果想改变网格颜色,可以单击"栅格颜色"颜色块进行颜色设置。具体颜色设置方法与图纸颜色设置操作类似,不过设置网格的颜色时,要注意不要设置得太深,否则会影响后面的绘图工作。

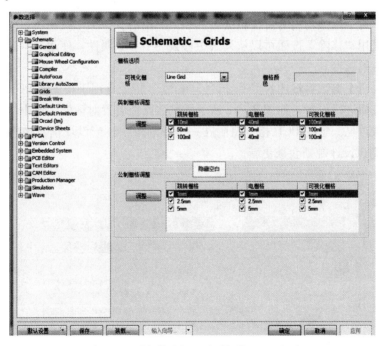

图 2-20 "参数选择"对话框的 Grid 选项

2.6 文档参数设置

一张原理图的文档属性对电路设计十分重要。设置文档属性可以执行"设计"→"文档选项"命令,系统将弹出如图 2-13 所示的"文档选项"对话框,然后选择"参数"选项卡，如图 2 - 21 所示。在该选项卡下，可以分别设置文档的各个参数属性，比如设计公司名称、地址，图样的编号以及图样的总数，文件的标题名称、日期等。

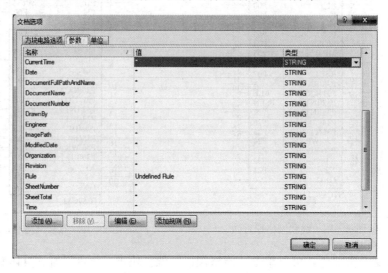

图 2 - 21　文档参数设置选项卡

具有这些参数的设计对象可以是一个元件、元件的管脚和端口、原理图的符号、PCB指令或参数集。每个参数均具有可编辑的名称和值。单击"添加"按钮可以向列表中添加新的参数属性，使用"移除"按钮可以从列表中移去一个参数属性，使用"编辑"按钮可以编辑一个已经存在的属性。

例如：如果一个参数将被用作 PCB 指令，该 PCB 指令是用于相关的 PCB 文档，则可以单击"编辑"按钮进行设置，如图 2 - 22 所示的参数属性设置对话框，选中"可见的"复选框可以使该参数可见。这些 PCB 指令将附在一个原理图中，当设计信息被转换为相对应的PCB 文档时，则该设计规则会被更新。

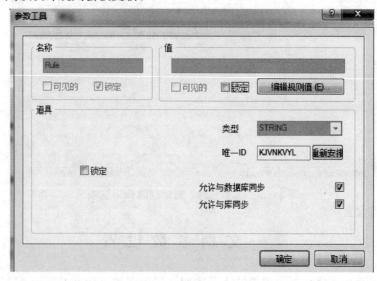

图 2 - 22　参数属性设置对话框

注意：在文档参数列表中定义的属性主要是用作特殊的字符串，并且它们是专门用于原理图的标题块。

2.7 设置原理图的环境参数

一张原理图绘制的效率和正确性，常常与环境参数设置有重要的关系。设置原理图的环境参数可以通过执行"工具"→"设置原理图参数"命令来实现，执行该命令后，系统将弹出如图 2-23 所示的参数设置对话框。通过该对话框可以分别设置原理图环境、图形编辑环境以及默认基本单元等，这些分别可以通过原理图参数中的 Graphical Editing（图形编辑）选项和 Compiler（编译器）选项等来实现。下面分别对这三个选项卡的操作进行讲解。

图 2-23 参数设置对话框

2.7.1 设置原理图环境

原理图环境设置可通过原理图参数中的 General 选项来实现，如图 2-23 所示，该选项卡可以设置的参数如下。

（1）选项。选项设置，该操作框复选框的意义分别如下。

1）直角拖拽。选中该复选框后，则只能以正交方式拖动或插入元件，或者绘制图形对象，如果不选中该复选框，则以环境所设置的分辨率拖动对象。

2）Optimize Wires Buses。选中该复选框后，可以防止多余的导线、多段线或总线相互重叠，即相互重叠的导线和总线等会被自动去除。

3）元件割线。如果选中了"Optimize Wires Buses"复选框，则"元件割线"选项也可以操作。选中"元件割线"复选框后，可以拖动一个元件到原理图导线上，导线被切割成两段，并且各段导线能自动连接到该元件的敏感管脚上。

4）使能 In - Place 编辑。选中该复选框后，用户可以对嵌套对象进行编辑，即可以对插入的链接对象实现编辑。

5）CTRL＋双击打开方块电路。选中该选项后，则双击原理图中的符号（包括元件或子图）时会选中元件或打开对应的子图，否则会弹出属性对话框。

6）转换十字交叉。选中该选项后，当用户在 T 字连接处增加一段导线形成 4 个方向的连接时，会自动产生两个相邻的三向连接点，如图 2 - 24 所示。如果没选中该复选框，则会形成两条交叉的导线，并且没有电气连接，如图 2 - 25 所示，如果此时选中"显示 Cross - Overs"，则还会在相交处显示一个拐过的曲线桥。

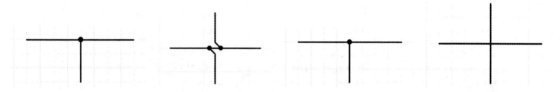

图 2 - 24　连接前后的导线（选中复选框）　　图 2 - 25　连接前后的导线（未选中复选框）

7）显示 Cross - Overs。选中该选项，则在无连接的十字相交处显示一个拐过的曲线桥，如图 2 - 26 所示。

8）Pin 说明。选中该选项后，在原理图中会显示元件引脚的方向，如图 2 - 27 所示，引脚的方向由一个三角符号表示。

9）方块电路登录用法。选中该选项后，则层次原理图中入口的方向会显示出来，否则只显示入口的基本形状，即双向显示。

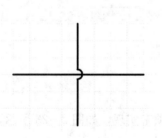

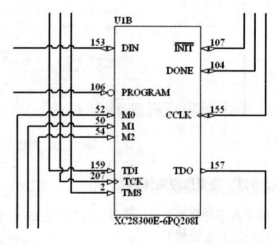

图 2 - 26　十字连接相交处的曲线桥　　　　图 2 - 27　显示元件引脚的方向

10）端口说明。选择该选项，则端口属性对话框中样式（Style）的设置被 I/O 类型选项所覆盖。

11）未连接从左到右。该选项只有在选中"端口说明"后才有效。选中后，原理图中未连接的端口将显示为由左到右的方向。

（2）Alpha 数字下标。设置多元件流水号的后缀，有些元件内部是由多个元件组成的，比如 74LS04 就是由 6 个非门组成，则通过该编辑框就可以设置元件的后缀。

1）Alpha。选中该单选按钮，则后缀以字母显示，如 A、B 等，如图 2-28 所示为选中该单选按钮时的后缀显示。

2）数字的。选中该单选按钮，则后缀以数字显示，如 1、2 等，如图 2-29 所示为选中该单选按钮时的后缀显示。

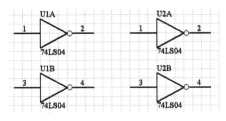

图 2-28 以字母显示后缀

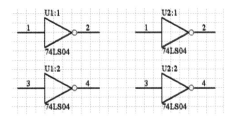

图 2-29 以数字显示后缀

（3）Pin 差数。设置引脚选项，通过该操作项可以设置元件的引脚号和名称离边界（元件的主图形）的距离。

1）名称。在该编辑框输入的值，可以设置引脚名称离元件边界的距离。

2）数量。在该编辑框输入的值，可以设置引脚号离元件边界的距离。

（4）默认电源对象名称。该操作框中各操作项用来设置默认的电源或接地名称。

1）电源地。该编辑框用来设置电源地名称，如 GND。

2）信号地。该编辑框用来设置信号地名称，如 SGND。

3）接地。该编辑框用来设置参考大地的名称，如 EARTH。

（5）包括剪贴板和打印。该操作框的各操作项用来设置粘贴和打印时的相关属性。

1）No-ERC Markers。当选中该选项，则复制设计对象到剪贴板或打印时，会包括非 ERC 标记。

2）参数设置。当选中该选项，则复制设计对象到剪贴板或打印时，会包括参数集。

（6）文档范围滤出和选择。该操作框用来选择应用到文档的过滤和选择集的范围，可以分别选择应用到当前文档或任意打开的文档。

（7）放置时自动增量。该操作框用来设置放置元件时，元件号或元件引脚号的自动增量大小。

1）主要的。设置该项的值后，则在放置元件时，元件号会按设置的值自动增加。

2）从属的。该选项在编辑元件库时有效。设置该项的值后，则在编辑元件库时，放置的引脚号会按照设定的值自动增加。

（8）默认块方块电路尺寸。该操作框用来设置默认的空白原理图的图纸大小。用户可以在其下拉列表中选择。在下一次新建原理图文件时，就会选择默认图纸大小。

（9）默认。该操作框用来设置默认的模板文件，当设置了该文件后，下次进行新的原理图设计时，就会调用该模板文件来设置新文件的环境变量。单击"浏览"按钮可以从一个对话框中选择模板文件，单击"清除"按钮则可以清除模板文件。

2.7.2 设置图形编辑环境

图形编辑环境设置可以通过 Graphical Editing 选项来实现，该选项如图 2-30 所示。

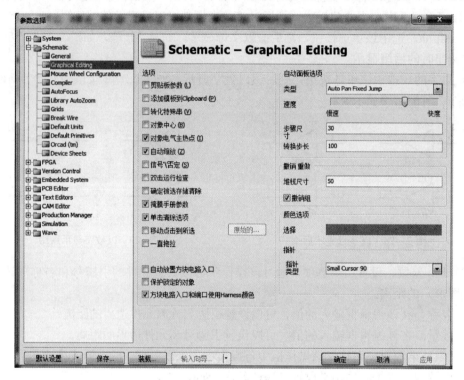

图 2-30　Graphical Editing 选项界面

（1）选项。选项操作框，可用来设置图形编辑环境的一些基本参数，分别介绍如下。

1）剪贴板参数。选中该复选框后，则当用户执行"编辑"→"复制"或"剪切"命令时，将会被要求选择一个参考点，这对于复制一个将要粘贴回原来位置的原理图部分很重要，该参考点将是粘贴时被保留部分的点，建议用户也选中该复选框。

2）添加模板到 Clipboard。选中该复选框后，则当用户执行"编辑"→"复制"或"剪切"命令时，系统将会把模板文件添加到剪贴板上。建议用户也选中该复选框，以便保持环境的一致性。

3）转化特殊串。选中该复选框后，用户将可以在屏幕上看到特殊字符串的内容。

4）对象中心。选中该复选框后，可以使对象通过参考点或对象的中心进行移动或拖动。

5）对象电气主热点。选中该复选框后，可以使对象通过与对象最近的电气节点进行移动或拖动。

6）自动缩放。选中该复选框，则当插入元件时，原理图可以自动实现缩放。

7）信号"\"否定。选中该复选框后，则可以以"\"表示某字符为非或负。

8）双击运行检查。选中该复选框后，则在一个设计对象上双击时，将会激活一个"Inspector（检查器）"对话框，而不是"对象属性"对话框。

9）确定被选存储清除。选中该复选框后，选择集存储空间可以用于保存一组对象的选择状态。为了防止一个选择集存储空间被覆盖，应该选择该选项。

10）掩膜手册参数。当用一个点来显示参数时，这个点表示自动定位已经被关闭，并且这些参数被移动或旋转。选择该选项则显示这种点。

11）单击清除选项。选中该复选框后，则用鼠标单击原理图的任何位置就可以取消设计对象的选中状态。

12）移动点击到所选。当选择该选项后，必须使用 Shift 键并同时使用鼠标才能选中对象。

13）一直拖拉。当选择该选项后，使用鼠标拖动选择的对象时，选择对象之间的电气连接也会保持连接状态。

（2）颜色选项。该操作框用来设置所选择的对象和栅格的颜色。"选择"颜色设置项用来设置所选中对象的颜色，默认为绿色。

（3）自动面板选项。该操作框中各操作项用来自动移动参数，即绘制原理图时，常常要平移图形，通过该操作框可设置移动的类型和速度。

（4）指针。该操作框用来设置光标形式的类型。"指针类型"选择框可设置光标类型，用户可以设置 4 种：90°大光标、90°小光标、45°小光标和 45°微小光标。

（5）撤销重做。设置撤销操作和重操作的最深堆栈次数。设置了该数目后，用户可以执行此数目的撤销和重操作。

选中"撤销组"复选框后，用户可以对一些组操作进行撤销。

2.7.3 设置默认的基本单元

"默认原始环境设置"功能可通过 Default Primitives 选项（见图 2 - 31）来实现。

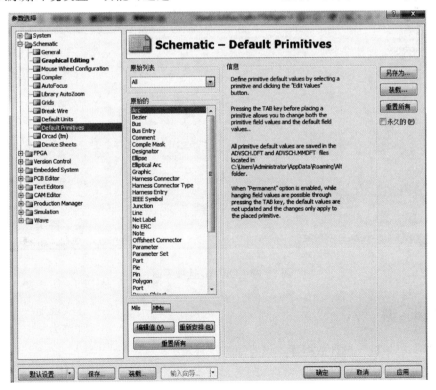

图 2 - 31 默认原始环境设置选项界面

用户可以通过该选项进行对象的默认设置,用户可以在"原始列表"的列表框中选中默认的图元类型(Primitive Type),然后在"原始的"列表框中选择需要设置的对象,双击选项(或单击"编辑值"按钮也可,单击"重新安排"按钮使设置复原)后,系统即可弹出"对象属性设置"对话框,用户设置了各对象的默认属性后,再执行图形绘制或插入元件操作,就会以该设置的默认属性为基准进行操作。

2.7.4 OrCAD 选项

(1)复制封装。该操作框设置 OrCAD 加载选项,如图 2-32 所示,当设置了该选项后,用户如果导入 OrCAD 原理图文件,则该设置的域将包含管脚映射信息。

(2)选中 OrCAD 端口复选框,则导入原理图的端口可以被重新改变尺寸大小。

其他选项卡比较简单,如 Compiler 选项主要用来设置编译警告和错误,以及相关的一些信息。因此不一一介绍。

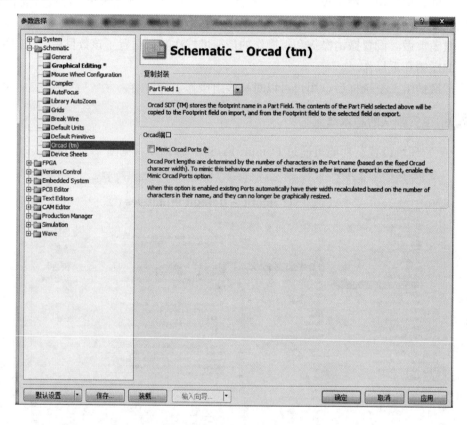

图 2-32 OrCAD 选项界面

 上机实训

创建"51单片机"设计数据库,设置原理图环境。

■ **第 3 章** ///////////////////////////////////////

原 理 图 设 计

在前面两章讲述了电路设计的基础知识后，现在可以学习具体的原理图设计。本章主要讲述电子元件的布置、调整、布线、绘图以及元件的编辑等，最后将以一个 FPGA 应用板原理图和一个译码器原理图设计为实例进行讲解。

3.1 元 件 库 管 理

在向原理图中放置元件之前，必须先将该元件所在的元件库载入系统。如果一次载入过多的元件库，将会占用较多的系统资源，同时也会降低应用程序的执行效率。所以，最好的做法是只载入必要且常用的元件库，其他特殊的元件库在需要时再载入。一般在放置元件时，经常需要在元件库中查找需要放置的元件，所以需要进行元件库的相关操作。

3.1.1 浏览元件库 ////

浏览元件库可以执行"设计"→"浏览库"命令，系统将弹出如图 3-1 所示的元件库管理器。在元件库管理器中，用户可以装载新的元件库、查找元件、放置元件等。

（1）查找元件。元件库管理器为用户提供了查找元件的工具。即在元件库管理器中，单击"搜索"按钮，系统将弹出如图 3-2 所示的查找元件库对话框，如果执行"工具"→"发现器件"命令也可弹出该对话框，在该对话框中，可以设定查找对象以及查找范围。可以查找的对象为包含在 .Intlib 文件中的元件。该对话框的操作及使用方法如下。

在如图 3-2 所示最上面的空白编辑框中，可以输入需要查找的元件或封装名称。如本例的 XTAL（可以用"＊XTAL＊"方式进行查询包含 XTAL 字符的元件名称）。

（2）搜索元件。单击搜索按钮，Altium Designer 就会在指定的目录中进行搜索。同时如图 3-3 所示的对话框会暂时隐藏，并且如图 3-1 所示界面中的 Search（搜索）

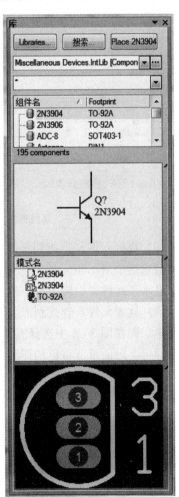

图 3-1 元件库管理器

按钮会变成 Stop（停止）按钮。如果需要停止搜索，则可以单击 Stop 按钮。

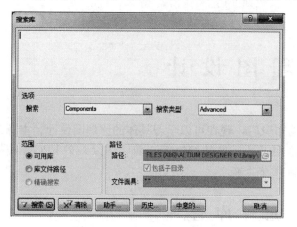

图 3-2　简单查找元件库对话框

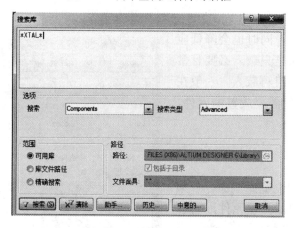

图 3-3　高级查找元件库对话框

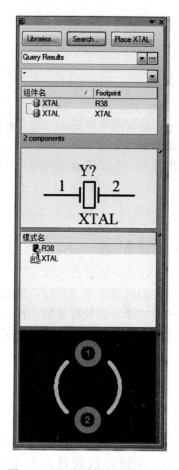

图 3-4　查找元件库的结果显示

　　（3）找到元件。当找到元件后，系统将会在如图 3-4 所示的对话框中显示结果。在上面的信息框中显示该元件名，如本例的 XTAL，并显示其所在的元件库名，在中间的信息框中显示该元件的引脚类型，最下面显示元件的图形符号形状和引脚封装形状。

　　（4）放置元件。查找到需要的元件后，可以将该元件所在的元件库直接装载到元件库管理器中。即在图 3-4 中选择需要放置的那个查找到的元件，然后单击右上方的 Place XTAL 按钮即可。后面章节将更加详细地介绍如何放置元件。

3.1.2　装载元件库

　　单击图 3-1 中的 Libraries 按钮，系统将弹出如图 3-5 所示的装载/卸载元件库对话框，通过此对话框就可以装载或卸载元件库。也可直接执行"设计"→"添加/移除库"命令启动装载/卸载元件库对话框，另外在放置元件过程中也可以启动该对话框。在该对话框中，可以看到有三个选项卡。

　　（1）工程选项卡：显示当前项目的 SCH 元件库。

　　（2）已安装选项卡：显示已经安装的 SCH 元件库，一般情况下，如果要装载外部的元

图 3-5 装载/卸载元件库对话框

件库,则在该选项卡中操作。

(3) 搜索路径选项卡:显示搜索的路径,即如果在当前安装的元件库中没有需要的封装元件,则可以按照路径进行搜索。

装载/卸载元件库的操作方法如下。

(1) 使用"向上移动"和"向下移动"按钮,可以使在列表中选中的元件库上移或下移,以便在元件库管理器中显示在最顶端还是最末端。

(2) 选中列表中某一个元件库后,单击"移除"按钮则可将该元件库移去。

(3) 如果要添加一个新的元件库,则可以单击"安装"按钮,系统将弹出如图 3-6 所示的打开元件库对话框,用户可以选取需要装载的元件库。

(4) 单击"关闭"按钮,完成该元件库的装载或卸载操作。将所需要的元件库添加到当前编辑环境中后,元件库的详细列表将显示在元件库管理器中。

说明:Altium Designer 已经将各大半导体公司的常用元件分类做成了专用的元件库,只要装载所需元件的生产公司的元件库,就可以从中选择自己所需要的元件。另外有三个常用的库,Sim、Simulation 和 PLD 元件库,前两个包括了一般电路仿真所需要用到的元件,而后一个主要包括逻辑元件设计所要用到的元件。

3.2 放 置 元 件

绘制原理图首先要进行元件的放置。在放置元件时,设计者必须知道元件所在的库,并从中取出或者制作原理图元件,最后装载这些必需的元件库到当前设计管理器。

3.2.1 放置元件的方法

放置元件之前,应该选择需要放置的元件,通常可以用下面两种方法来选取元件。

1. 通过输入元件名来选取元件

如果确切知道元件的编号名称,最方便的做法是通过菜单命令"放置"→"元件"或直接单击布线工具栏上的按钮 ，打开如图3-6所示的放置元件对话框。

图3-6　放置元件对话框

（1）选择元件库。单击浏览按钮 ，系统将弹出如图3-7所示的浏览元件库对话框，在该对话框中，用户可以选择需要放置的元件的库。

此时也可以在如图3-6所示对话框中单击按钮 加载元件库，此时系统会弹出如图3-5所示的装载/卸载元件库对话框。

单击图3-7中的"发现"按钮可以打开如图3-2所示的查找元件库对话框。

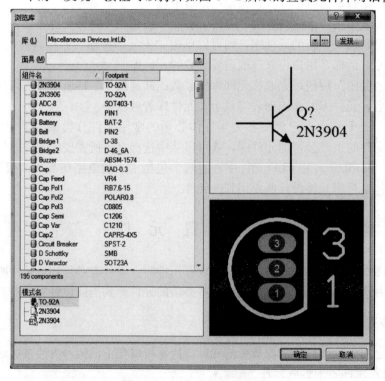

图3-7　浏览元件库对话框

（2）选择元件。选择了元件库后，可以在"元件名"列表中选择需要的元件，在预览框中可以查看元件图形。

（3）输入流水号。选择了元件后单击"确定"按钮，系统返回到如图 3-6 所示的对话框，此时可以在"指定者"编辑框中输入当前元件的流水序号（例如 U1）。

注意：无论是单张或多张图的设计，都绝对不允许两个元件具有相同的流水序号。

在当前的绘图阶段可以完全不理会输入流水号，即直接使用系统的默认值"U?"。等到完成电路全图之后，再使用原理图内置的重编流水序号功能（通过执行菜单命令"工具"→"注释"），就可以轻易地将原理图中所有元件的流水序号重新编号一次。

假如现在为这个元件指定流水序号（例如 U1），则在以后放置相同形式的元件时，其流水序号将会自动增加（例如 U2、U3、U4 等），如果选择的元件是多个子模块集成的话，系统自动增加的顺序则是 U1A、U1B、U1C、U1D、U2A、U2B…设置完毕后，单击上述对话框中的 OK（确定）按钮，屏幕上将会出现一个可随鼠标指针移动的元件符号，请将它移到适当的位置，然后单击鼠标左键使其定位即可。

（4）元件注释。在元件编辑框中可以输入该元件的注释，在封装框中显示了元件的封装类型。

技巧：当放置一些标准元件或图形时，可以在绘制前调整位置，调整的方法为：在选择了元件，但还没有放置前，按住"空格"键，即可旋转元件，此时可以选择需要的角度放置元件。如果按"Tab"键，则会进入元件属性对话框，用户也可以在属性对话框中进行设置，这将在后面章节讲解。

2. 从元件库管理器的元件列表中选取

另外一种选取元件的方法是直接从元件列表中选取，该操作必须通过设计库管理器窗口的元件库管理列表来进行。下面以示例讲述如何从元件库管理面板中再选取一个 LED 元件。

如图 3-8 所示，首先在面板上 Libraries 栏的下拉列表框中选取 Miscellaneous Devices. IntLib 库，如果没有加载该库，则先将该元件库装载到当前设计文档中。然后在零件列表框中使用滚动条找到"LED2"，并选定它。右击，从快捷菜单中选择 Place 命令，此时屏幕上会出现一个随鼠标指针移动的元件图形，将它移动到适当的位置后单击，使其定位即可。也可以直接在元件列表中双击"LED2"将其放置到原理图中，这样可更方便些。具体放置位置可以根据设计要求来定。

如果从元件库管理器中选中该元件，再放置到原理图中的话，则流水号为"U?"，用户可以按"Tab"键进入元件属性对话框设置流水号。如果不再继续放置元件，则可以右击结束该命令的操作。

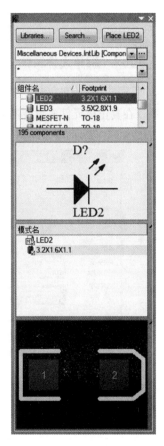

图 3-8 从元件库管理器
中选择元件

3.2.2 使用工具栏放置元件

用户不仅可以使用元件库来实现放置元件，系统还提供了一些常用的元件，这些元件可以使用 Utilities 工具栏的常用元件子菜单来选择装载。常用元件子菜单如图 3-9 所示。

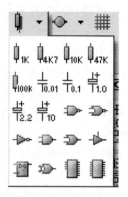

图 3-9 常用元件子菜单

常用元件子菜单为用户提供了常用规格的电阻、电容、与非门、寄存器等元件,用户可以很方便地选择绘制这些元件。

放置这些元件的操作与前面所讲的元件放置操作类似,只要选中了某元件后,就可以使用鼠标进行放置操作。

3.3 编 辑 元 件

3.3.1 编辑元件属性

原理图中所有的元件对象都具有自身的特定属性,在设计绘制原理图时常常需要设置元件的属性。在真正将元件放置在图纸上之前,元件符号可随鼠标移动,如果按下"Tab"键就可以打开如图 3-10 所示的 Component Properties 组件道具对话框,可在此对话框中编辑元件的属性。

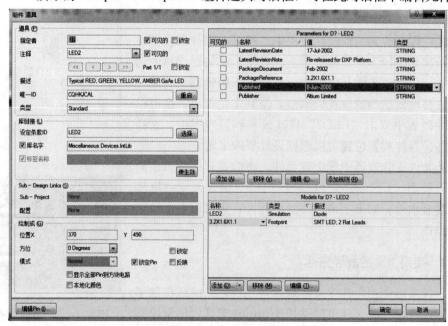

图 3-10 元件属性对话框

　　如果已经将元件放置在图纸上，要更改元件的属性，可以执行"编辑"→"改变"命令来实现。该命令可将编辑状态切换到对象属性编辑模式，此时只需将鼠标指针指向该对象，然后单击即可打开元件属性对话框。另外，还可以直接在元件的中心位置双击元件，也可以弹出元件属性对话框，然后用户就可以进行元件属性编辑操作。

　　（1）Properties 操作框。该操作框中的内容包括以下选项。

　　1）指定者。元件在原理图中的流水序号，选中其后面的可见复选框，则可以显示该流水号，否则不显示。

　　2）注释。该编辑框可以设置元件的注释，选中其后面的可见复选框，则可以显示该注释，否则不显示。

　　3）对于有多个相同或不相同的子模块组成的元件，如 XC2S300E‐6PQ208C，具有12 个子模块，一般以 A、B、C、…、K、L 来表示，此时可以选择 「《」「〈」「〉」「》」 按钮来设定。

　　4）描述。该编辑框为元件属性的描述。

　　5）唯一 ID。设定该元件在设计文档中的 ID，是唯一的。

　　6）Type（类型）。选择元件类型，从下拉列表中选取。Standard 表示元件具有标准的电气属性；Mechanical 表示元件没有电气属性，但会出现在 BOM 表（材料表）中；Graphical 表示元件不会用于电气错误的检查或同步；Tie Net in BOM 表示元件短接了两个或多个不同的网络，并且该元件会出现 BOM 表中；Tie Net 表示元件短接了两个或多个不同的网络，该元件不会出现 BOM 表中；Standard（No BOM）表示该元件具有标准的电气属性，但是不会包括在 BOM 表中。

　　（2）库链接。在该编辑框中，可以选择设置元件库名称和设计单元的 ID。

　　1）设定条款 ID。在元件库中所定义的元件名称。

　　2）Library Name（库名字）。元件所在的元件库。

　　（3）Sub‐Design Links。在该编辑框中，可以输入一个连接到当前原理图元件的子设计项目。子设计项目可以是一个可编程的逻辑元件，或者是一张子原理图。

　　（4）绘制成操作框。该操作框显示了当前元件的图形信息，包括图形位置、旋转角度、填充颜色、线条颜色、引脚颜色以及是否镜像处理等。

　　1）用户可以在位置 X 和 Y 编辑框中修改 X、Y 位置坐标，移动元件位置。方位选择框可以设定元件的旋转角度，以旋转当前编辑的元件。用户还可以选中 Mirrored 复选框，将元件镜像处理。

　　2）Show All Pins on Sheet（显示全部 Pin 到方块电路）（Even if Hidden）。是否显示元件的隐藏引脚，选择该选项可以显示元件的隐藏引脚。

　　3）Mode（模式）。在该下拉列表中可以选择元件的替代视图，如果该元件具有替代视图，则会显示该下拉列表有效。

　　4）Local Colors（本地化颜色）。选中该选项，可以显示颜色操作，即进行填充颜色、线条颜色、引脚颜色设置操作，如图 3‐11 所示。

　　5）Lock Pins（锁定 Pin）。选中

图 3‐11　选中 Local Colors 复选框后的操作界面

该选项，可以锁定元件的引脚，此时引脚无法单独移动，否则引脚可以单独移动。

（5）元件参数（Parameters）。在如图3-12所示对话框的右侧为元件参数列表，其中包括一些与元件特性相关的参数，用户也可以添加新的参数和规则。如果选中了某个参数左侧的复选框，则会在图形上显示该参数的值。可以单击Add（添加）按钮添加参数属性，或者单击Remove（移除）按钮移去参数属性；选中某项属性，然后单击Edit（编辑）按钮则可以对该属性进行编辑；用户还可以选择某属性后，单击Add as Rule（添加规则），将所选择属性设为一个规则。

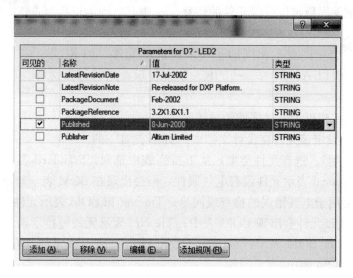

图3-12　元件参数列表

（6）元件的模型（Models）列表。在图3-12所示对话框的右下侧为元件的模型列表，其中包括一些与元件相关的封装类型、三维模块和仿真模型，用户也可以添加新的模型。

3.3.2　设置元件的封装

在原理图绘制时，每个元件都应该具有封装模型，如果要进行电路信号仿真的话，那么还需要具有仿真模型，当生成PCB图时，如果要进行信号完整性分析，则还应该具有信号完整性模型的定义。

当绘制原理图时，对于不具有这些模型属性的元件，可以直接向元件添加这些属性。下面以封装模型和仿真模型属性为例，讲述如何向元件添加这些模型属性。

（1）在Models编辑框中，单击Add按钮，系统会弹出如图3-13所示的对话框，在该对话框的下拉列表中，选择Footprint模式。

图3-13　添加新的模型对话框

（2）单击如图3-16所示的OK（确定）按钮，系统将弹出如图3-14所示的PCB Model对话框，在该对话框中可以设置PCB封装的属性。在Name（名称）编辑框中可以输入封装名，Description（描述）编辑框可以输入封装的描述。

单击Browse（浏览）按钮可以选择封装类型，系统弹出如图3-15所示的对话框，此时可以选择封装类型，然后单击 OK（确定）按钮即可，如果当前没有装载需要的元件封装库，则可以单击图3-15 中的按钮 ▦ 装载一个元件库，或单击 Find（发现）按钮进行查找。如果查找到所需要的元件封装的话，封装名会显示在如图 3-14 所示的对话框中，然后选择其中一个元件所对应的封装即可。

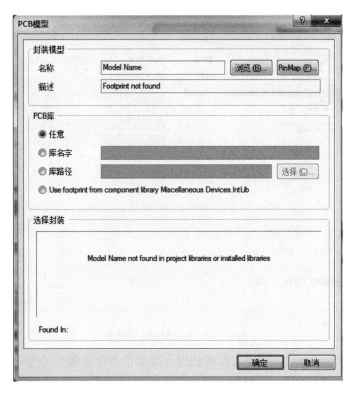

图 3-14　PCB Model 对话框

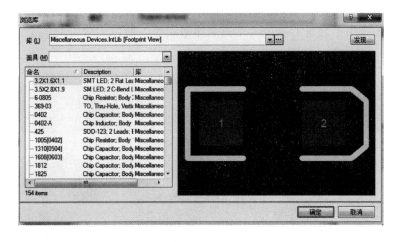

图 3-15　浏览封装库对话框

3.3.3　设置仿真属性

（1）在 Models 编辑框中，单击 Add 按钮，系统会弹出如图 3-13 所示的对话框，在添加新模型对话框的下拉列表中，选择 Simulation 模式。

（2）单击图 3-15 中的 OK（确定）按钮，系统将弹出如图 3-16 所示的 Sim Model 对话框，在该对话框中可以设置仿真模型的属性。

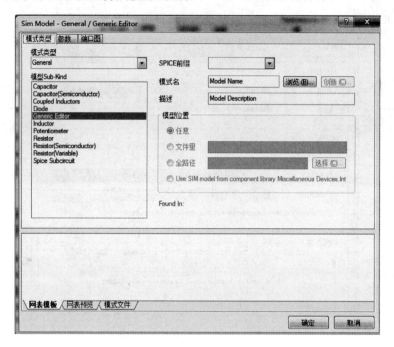

图 3-16　Sim Model 对话框

（3）设置好仿真属性后，单击 OK 按钮即可完成仿真模型属性的添加。

3.3.4　编辑元件参数的属性

如果在元件的某一参数上双击，则会打开一个针对该参数属性的对话框。例如在显示文字"D1"上双击，由于它是 Designator 流水序号属性，所以出现对应的 Parameter Properties（参数属性）对话框，如图 3-17 所示。

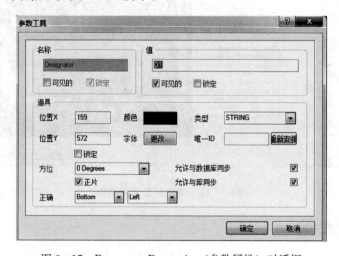

图 3-17　Parameter Properties（参数属性）对话框

可以通过此对话框设置其流水序号名称（Name 框）；参数值及参数值的可见性、是否锁定；X 轴和 Y 轴的坐标（"位置 X" 及 "位置 Y" 编辑框）、旋转角度（"方位" 选择框）、组件的颜色（"颜色"框）、组件的字体（"字体"框）等更为细致的控制特性。

如果单击"字体"后的 Change（更改）按钮，则系统会弹出一个字体设置对话框，可以对对象的字体进行设置，不过这只对于选中的对象是文本时才有效。

3.4 元件位置的调整

元件位置的调整实际上就是利用各种命令将元件移动到工作平面上所需的位置，并将元件旋转为所需要的方向。一般在放置元件时，每个元件的位置只是估计的，在进行原理图布线前还需要对元件的位置进行调整。下面以图 3-18 为例说明如何调整元件的位置。

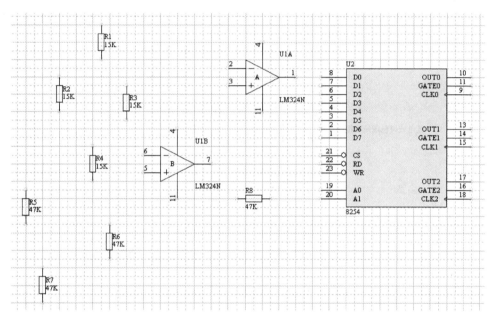

图 3-18 放置了一些元件的图纸

3.4.1 对象的选取

对象的选取有很多方法，下面介绍最常用的几种方法。

1. 直接选取对象

元件最简单、最常用的选取方法是直接在图纸上拖出一个矩形框，框内的元件全部被选中。

具体方法是：在图纸的合适位置按住鼠标左键，光标变成十字状，如图 3-19 所示。拖动光标至合适位置，松开鼠标，即可将矩形区域内所有的元件选中，如图 3-20 所示的被选中元件会有一个蓝色或绿色虚矩形框标志，表明该元件被选中，绿色框的元件表示为当前首选中的元件。要注意的是，在拖动的过程中，不可将鼠标松开，且光标一直为十字状。另外，按住 "Shift" 键并单击需要选择的元件，也可实现选取元件的功能。

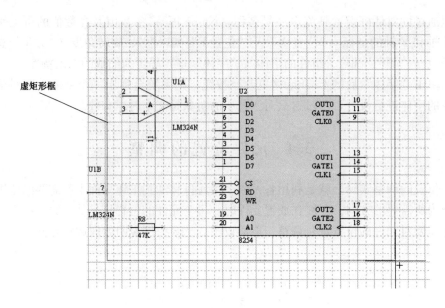

图 3 - 19   按住鼠标左键拉出一个矩形框

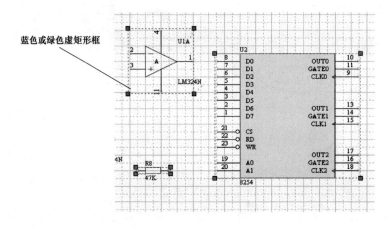

图 3 - 20   选取元件后的效果

2. 主工具栏里的选取工具

在主工具栏里有三个选取工具，即区域选取工具、取消选取工具和移动被选元件工具，如图 3 - 21 所示。

图 3 - 21   工具栏里的选取工具

区域选取工具的功能是选中区域里的元件。它与前面介绍的方法基本相同，唯一的区别是：单击主工具栏里的区域选取工具图标后，光标从开始起就一直是十字状，在形成选择区域的过程中，不需要一直按住鼠标。

取消选取工具的功能是取消图纸上所有被选元件的选取状态。单击图标后，图纸上所有带黄框的被选对象全部取消被选状态，黄框消失。

移动被选元件工具的功能是移动图纸上被选取的元件。单击图标后，光标变成十字状，单击任何一个带虚框的被选对象，移动光标，图纸上所有带虚框的元件（被选元件）都随光标一起移动。

3. 菜单中的选取命令

在菜单"编辑"中有几个关于选取的命令，如图 3‐22 所示。

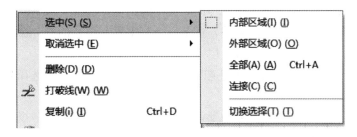

图 3‐22　菜单中的选取命令

（1）内部区域。区域选取命令，用于选取区域内的元件。

（2）外部区域。区域外选取命令，用于选取区域外的元件。

（3）全部。选取所有元件，用于选取图纸内所有元件。

（4）连接。选取连线命令，用于选取指定连接导线。使用这一命令，只要相互连接的导线，都会被选中。执行该命令后，光标变成十字状，在某一导线上单击，将该导线以及与该导线有连接关系的所有导线选中。

（5）切换选择。切换式选取。执行该命令后，光标变成十字状，在某一元件上单击，如果该元件以前被选中，则元件的选中状态被取消；反之则被选中。

图 3‐23　菜单中的"移动"命令

3.4.2　元件的移动

Altium Designer 中，元件的移动大致可以分成两种情况：一种情况是元件在平面里移动，简称"平移"；另外一种情况是当一个元件将另外一个元件遮盖住的时候，也需要移动元件来调整元件间的上下关系，将这种元件间的上下移动称为"层移"。元件移动的命令在菜单"编辑"→"移动"中，如图 3‐23 所示。

移动元件最简单的方法是：将光标移动到元件中央，按住鼠标左键，元件周围出现虚框，拖动元件到合适的位置，即可实现该元件的移动。菜单"Edit"→"Move"中各个移动命令的功能如下所述。

（1）拖动。它是一个很有用的命令，特别是当连接完线路后，用此命令移动元件，元件上的所有连线也会跟着移动，不会断线。执行该命令前，不需要选取元件。执行该命令后，光标变成十字状，在需要拖动的元件上单击，元件就会跟着光标一起移动。将元件移到合适的位置，再单击一下鼠标左键即可完成此元件的重新定位。

（2）移动。用于移动元件。但它只移动元件，与元件相连接的导线不会跟着它一起移动，操作方法同 Drag 命令。

（3）移动选择和拖动选择。与移动命令和拖动命令相似，只是它们移动的是选定的元件。另外，这两个命令适用于将多个元件同时移动的情况。

（4）移到前面。在最上层移动元件，这个命令是平移和层移的混合命令。它的功能是移动元件，并且将它放在重叠元件的最上层，操作方法同 Drag 命令。

（5）旋转选择。将选中的元件进行逆时针旋转；而顺时针旋转的选择命令则将选中的元件进行顺时针旋转。

（6）移到最上面。命令将元件移动到重叠元件的最上层。执行该命令后，光标变成十字状，单击需要层移的元件，该元件立即被移到重叠元件的最上层；Send To Back 命令将元件移动到重叠元件的最下层。执行该命令后，光标变成十字状，单击要层移的元件，该元件立即被移到重叠元件的最下层。右键单击结束以上命令。

（7）移到上面。命令将元件移动到某元件的上层。执行该命令后，光标变成十字状。单击要层移的元件，该元件暂时消失，光标还是十字状，选择参考元件，单击，原先暂时消失的元件重新出现，并且被置于参考元件的上面。Send To Back Of 命令将元件移动到某元件的下层，操作方法同 Bring To Front Of 命令。其他命令主要用于方块电路图的移动操作，这将在后面关于层次原理图的绘制中讲述。

技巧：当然，也可以直接按住鼠标左键，然后拖动直接实现对象的移动。

3.4.3 单个元件的移动

假设移动图 3-19 中的 U1A 运算放大器，具体操作过程如下。

（1）选中目标。单击所需要选中的对象（U1A 运算放大器），选中状态如图 3-24 所示，然后按住鼠标左键，当所选中的对象出现十字光标，并在元件周围出现虚框时，表示已选中目标物，并可以移动该对象，移动状态如图 3-25 所示。

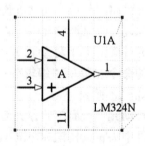

图 3-24　移动元件时的选中状态

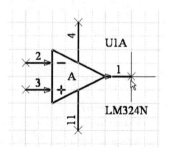

图 3-25　元件的移动状态

（2）移动目标。拖动鼠标移动十字光标，将其拖到用户需要的位置，松开鼠标左键即完成移动任务。同理，移动其他图形如线条、文字标注等的方法与此类似。

3.4.4　多个元件的移动

除了单个元件的移动外，Altium Designer 还可以同时移动多个元件，要移动多个元件首先要选中多个元件。Altium Designer 提供了多种选择的方法。

1. 选中多个元件

（1）逐次选中多个元件。执行菜单命令"Edit"→"Toggle Selection"。出现十字光标，移动光标到目标元件，单击即可选中。用同样的方法可选中其他的目标元件，如图 3-26 所示为选中了的多个元件。选择多个元件可以使用前面介绍的方法来实现。

逐次选中多个元件也可以按住"Shift"键，然后使用鼠标逐个选中所需要选择的元件。

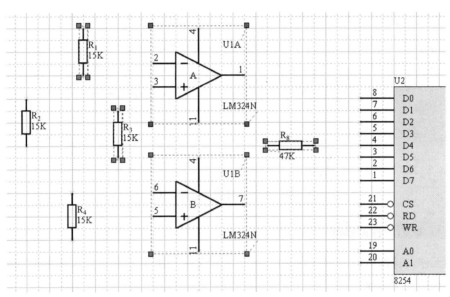

图 3-26　选中多个元件的视图

（2）同时选中多个元件。选中目标元件，确定了所选元件后，先将光标移动到目标元件组的左上角，按住鼠标左键，然后将光标拖到目标区域的右下角，将要移动的元件组全部围起来，松开鼠标左键，如被围起来的元件变成蓝色框，则表明被选中。另外，使用主工具栏里的按钮███在一个区域内也可以选择多个对象。

2. 移动选中的多个元件

移动被选中的多个元件。单击被选中的元件组中的任意一个元件不放，待十字光标出现即可移动被选择的元件组到合适的位置，然后松开鼠标左键，便可完成任务。

另外，可以执行菜单命令"编辑"→"移到"→"移动选择"来实现元件的移动操作。

3.4.5　元件的旋转

元件的旋转实际上就是改变元件的放置方向。Altium Designer 提供了很方便的旋转操作，操作方法如下。

（1）在元件所在位置单击，选中单个元件，并按住鼠标左键不放。

（2）按"空格"键，就可以让元件以 90°旋转，这样就可以实现图形元件的旋转。

用户还可以使用快捷菜单命令特性来实现。即使用鼠标选中需要旋转的元件后，右击，从弹出的快捷菜单中选择特性命令，然后系统弹出元件特性对话框，此时可以操作方位选择框设定旋转角度，以旋转当前编辑的元件，如设定图 3-26 中的电阻 R_4、R_5 旋转 90°，其他电阻元件的旋转角不变，得到图形如图 3-27 所示。

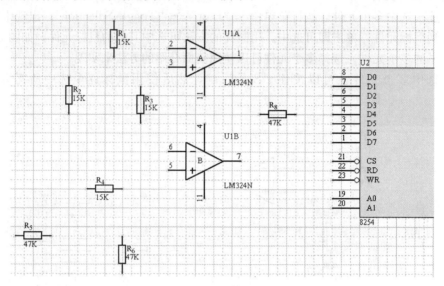

图 3-27 旋转元件后的图形

3.4.6 取消元件的选取

取消元件的选取可以使用"编辑"→"取消选中"命令来实现。该菜单如图 3-28 所示，其中包括 5 个选项。

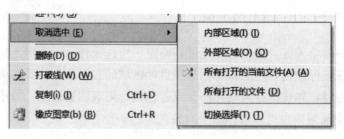

图 3-28 取消选中子菜单

（1）执行"编辑"→"取消选中"→"内部区域"命令后，先将鼠标光标移动到目标区的左上角，单击，然后将光标移到目标区域的右下角，再单击，确定了一个选框，就会将选框中所包含元件的选中状态取消。

（2）执行"编辑"→"取消选中"→"外部区域"命令后，操作同上，结果是保留选择框中的状态，而将选择框外所包含元件的选中状态取消。

（3）执行"编辑"→"取消选中"→"所有打开的当前文件"命令，可取消当前文档中所有元件的选中状态。

（4）执行"编辑"→"取消选中"→"所有打开的文件"命令，可取消所有已打开文档中所有元件的选中状态。

（5）执行"编辑"→"取消选中"→"切换选择"命令。切换式地取消元件的选中状态。执行该命令后，光标变成十字状，在某一元件上单击，则元件的选中状态被取消。

3.4.7 复制粘贴元件

Altium Designer 同样有"剪贴"操作，包括对元件的复制、剪切和粘贴。

（1）复制。执行"编辑"→"复制"命令，将选取的元件作为副本，放入剪贴板中。

（2）剪切。执行"编辑"→"剪切"命令，将选取的元件直接移入剪贴板中，同时原理图上的被选元件被删除。

（3）粘贴。执行"编辑"→"粘贴"命令，将剪贴板里的内容作为副本，复制到原理图中。

这些命令也可以在主工具栏中选择执行。另外系统还提供了功能热键来实现剪贴操作。

1）复制命令：Ctrl+C 键。

2）剪切命令：Ctrl+X 键。

3）粘贴命令：Ctrl+V 键。

注意：复制一个或一组元件时，当用户选择了需要复制的元件后，系统还要求用户选择一个复制基点，该基点很重要，用户应该很好地选择该基点，这样可以方便后面的粘贴操作。当粘贴元件时，在将元件放置到目标位置前，如果按 Tab 键，则会进入目标位置设置对话框，如图 3-29 所示，用户也可以在该对话框中精确设置目标点。

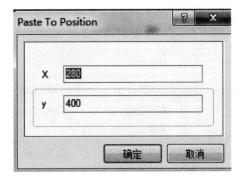

图 3-29 目标位置设置对话框

3.4.8 元件的删除

当图形中的某个元件不需要或错误时，可以对其进行删除。删除元件可以使用"编辑"菜单中的两个删除命令，即清除和删除命令。

清除命令的功能是删除已选取的元件。执行清除命令之前需要选取元件，执行清除命令之后，已选取的元件立刻被删除。

删除命令的功能也是删除元件，只是执行删除命令之前不需要选取元件，执行删除命令之后，光标变成十字状，将光标移到所要删除的元件上单击，即可删除元件。

另外一种删除元件的方法是：单击元件，选中元件后，元件周围会出现虚框，按 Delete 键即可实现删除。

3.5 元件的排列和对齐

Altium Designer 提供了一系列排列和对齐命令，它们可以极大地提高用户的工作效率。下面以图 3-30 中的几个元件为例来说明如何进行这些命令的操作。

1. 元件左对齐

（1）执行"编辑"→"选择"→"内部区域"命令，选取元件。

（2）此时光标变为十字状，移动光标到所要排列、对齐的元件的某个角，单击，然后拉开虚框以包容这4个元件，再单击即可选中虚框包含的元件。

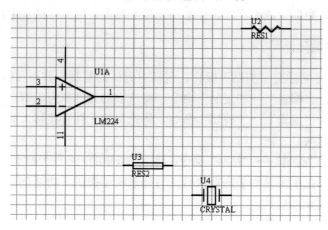

图3-30　排列前的元件

（3）执行"编辑"→"对齐"→"左对齐"命令，如图3-31所示的"对齐"子菜单。该命令使所选取的元件左对齐。也可以从 Utilities 工具栏的对齐命令菜单中选择该命令 ，如图3-32所示。

图3-31　对齐子菜单　　　　　　　图3-32　Utilities 工具栏的对齐命令菜单

（4）选中 U1A、U2、U3、U4 元件，执行了左对齐命令后，这4个元件的排列结果如图3-33所示。可以看到，随机分布的4个元件的最左边处于同一条直线上。

注意：如果所选取的元件是水平放置的，执行此命令会造成元件重叠。

2. 元件右对齐

右对齐与左对齐操作一样，只需要选择元件后，执行"编辑"→"对齐"→"右对齐"命令，或从 Utilities 工具栏的对齐命令菜单中执行该命令 。该命令使所选取的元件右

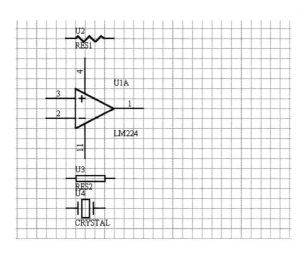

图 3-33　左对齐的元件

对齐。

3. 元件按水平中心线对齐

选择需要对齐的元件后，执行"编辑"→"对齐"→"水平中心对齐"命令，或从 U-tilities 工具栏的对齐命令菜单中选择该命令（ ♣ ），即可实现使选取的元件按水平中心线对齐。

执行了水平中心对齐命令后，4 个元件的对齐结果如图 3-34 所示，可以看到，对齐后 4 个元件的中心处于同一条直线上。

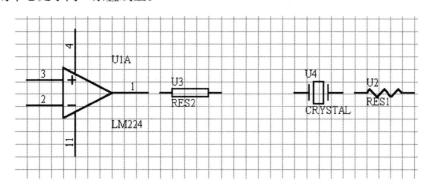

图 3-34　按水平中心线对齐后的元件

4. 元件水平平铺

选择需要对齐的元件后，执行"编辑"→"对齐"→"水平分布"命令，或从 Utilities 工具栏的对齐命令菜单中选择该命令（ ⊪ ），即可实现使所选取的元件水平平铺。

5. 元件顶端对齐

选择需要对齐的元件后，执行"编辑"→"对齐"→"顶对齐"命令，或从 Utilities 工具栏的对齐命令菜单中选择该命令（ ⊤ ）。即可使所选取的元件顶端对齐。

6. 元件底端对齐

选择需要对齐的元件后，执行"编辑"→"对齐"→"底对齐"命令，或从 Utilities 工具栏的对齐命令菜单中选择该命令（ ⊔ ）。该命令使所选取的元件底端对齐。

7. 元件按垂直中心线对齐

选择需要对齐的元件后，执行"编辑"→"对齐"→"垂直中心对齐"命令，或从 U-tilities 工具栏的对齐命令菜单中选择该命令（🔧），该命令使所选取的元件按垂直中心线对齐。

8. 元件垂直均布

选择需要对齐的元件后，执行"编辑"→"对齐"→"垂直分布"命令，或从 Utilities 工具栏的对齐命令菜单中选择该命令（🔧）。该命令使所选取的元件垂直均布。

9. 同时进行综合排列或对齐

上面介绍的几种方法，一次只能做一种操作，如果要同时进行两种不同的排列或对齐操作，可以使用对齐排列对象对话框来进行。

（1）执行"编辑"→"选择"→"内部区域"命令，选取元件。

（2）执行"编辑"→"对齐"→"对齐"命令。

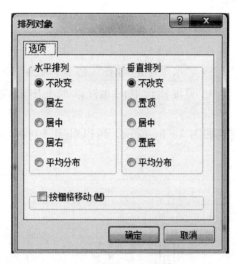

图 3-35　元件对齐设置对话框

（3）执行该命令后，将显示对齐、排列对象对话框，如图 3-35 所示。该对话框可以用来进行综合排列或对齐设置。

该对话框分为两部分，分别为水平排列选项（Horizontal Align ment）和垂直排列选项（Vertical Align ment）。

1）水平排列选项有：

①不改变。不改变位置。

②居左。全部靠左边对齐。

③居中。全部靠中间对齐。

④居右。全部靠右边对齐。

⑤平均分布。

2）垂直排列选项有：

①不改变。不改变位置。

②置顶。全部靠顶端对齐。

③居中。全部靠中间对齐。

④置底。全部靠底端对齐。

⑤平均分布。

3.6　放置电源与接地元件

电源和接地元件可以使用实用工具栏中的电源及接地子菜单上对应的命令来选取，如图 3-36 所示，该子菜单位于实用工具栏中。

从该工具栏中可以分别输入常见的电源元件，在图纸上放置了这些元件后，用户还可以对其进行编辑。

VCC 电源与 GND 接地有别于一般电气元件。它们必须通过菜单命令"放置"→"电源端口"或原理图布线工具栏上的按钮🔧或🔧来调用，这时编辑窗口中会有一个随鼠标指针移动的电源符号，按 Tab 键，将会出现如图 3-37 所示的电源端口对话框，或者在放置了电源元件的图形上，双击电源元件或使用快捷菜单的 Properties 命令，也可以弹出电源端口对话框。

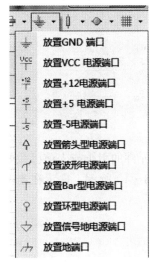

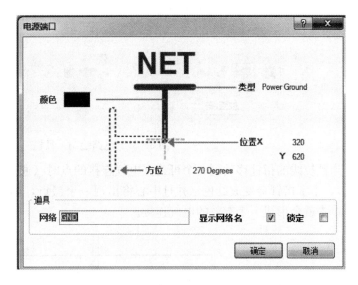

图 3-36 电源及接地子菜单   图 3-37 电源端口（Power Port）对话框

在对话框中可以编辑电源属性，在网络（Net）编辑框中可修改电源符号的网络名称；当前符号的放置角度为 270 Degrees（就是 270°），这可以在方位（Orientation）编辑框中修改，这和一般绘制原理图的习惯不太一样，因此在实际应用中常把电源对象旋转 90°放置，而接地对象通常旋转 270°放置；在位置编辑框中可以设置电源的精确位置；在风格栏中可选择电源类型，电源与接地符号在风格下拉列表框中有多种类型可供选择，如图 3-38 所示。

图 3-38 电源的类型

3.7 连 接 线 路

当所有电路对象与电源元件放置完毕后，可以着手进行原理图中各对象间的连线（Wiring）。连线的最主要目的是按照电路设计的要求建立网络的实际连通性。

要进行连线操作，可单击电路绘制工具栏（见图 3-39）上的按钮 ⊱ 或执行"放置"→"线"命令将编辑状态切换到连线模式，此时鼠标指针的形状也会由空心箭头变为大十字。

这时只需将鼠标指针指向预拉线的一端，单击，就会出现一个可以随鼠标指针移动的预拉线，当鼠标指针移动到连线的转弯点时，每单击一次可以定位一次转弯。当拖动虚线到元件的引脚上并单击时，就可以连接到该元件的引脚上。当右击时可以终止该次连线，但是还处于连线状态，可以继续连接新的连线。若想将编辑状态切回到待命模式，可右击两次或按下Esc 键。

图 3-39　电路绘制工具栏

当预拉线的指针移动到一个可建立电气连接的点时（通常是元件的引脚或先前已拉好的连线），十字指针会变成红色，并且中心将出现一个黑点，如图 3-40 所示，提示在当前状态下单击就会形成一个有效的电气连接。

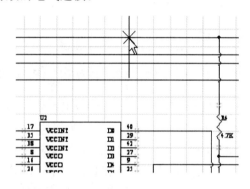

图 3-40　连接线路

3.8　手动放置节点

在某些情况下，原理图会自动在连线上加上节点（Junction）。但是，有时候需要手动添加，例如默认情况下十字交叉的连线是不会自动加上节点的，如图 3-41 所示。

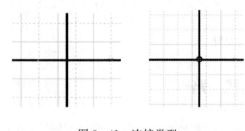

图 3-41　连接类型

若要自行放置节点，可单击电路绘制工具栏上的按钮 或执行菜单命令"放置"→"手工节点"，将编辑状态切换到放置节点模式，此时鼠标指针会由空心箭头变为大十字，并且中间还有一个小圆点。这时，只需将鼠标指针指向欲放置节点的位置，然后单击即可。要将编辑状态切换回待命模式，可右击或按下Esc 键。

在节点尚未放置到图纸中之前按下 Tab 键或是直接在节点上双击，可打开如图 3-42 所示的节点对话框。节点对话框包括以下选项。

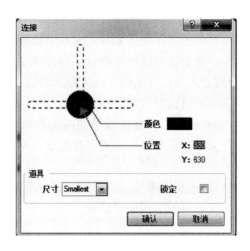

图 3-42 Junction 对话框

（1）位置 X、位置 Y。节点中心点的 X 轴、Y 轴坐标。

（2）尺寸。选择节点的显示尺寸，用户可以分别选择节点的尺寸为 Large（大）、Medium（中）、Small（小）和 Smallest（最小）。

（3）颜色。选择节点的显示颜色。

3.9 更新元件流水号

绘制完原理图后，有时需要将原理图中的元件进行重新编号，即设置元件流水号，这可以通过执行"工具"→"注释"命令来实现，这项工作由系统自动进行。执行此命令后，会出现如图 3-43 所示的注释（Annotate）设置对话框，在该对话框中，可以设置重新编号的方式。下面简单介绍如何更新元件流水号。

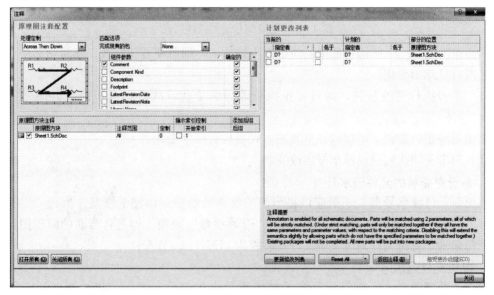

图 3-43 注释设置对话框

1. 设置注释更新方式

（1）注释配置示意图操作栏的各操作项用来设定流水号重新设置的作用范围和方式。如果项目中包含多个原理图文件，则会在对话框中将这些原理图文件列出。

1）设置流水号重新编号的方式可以在如图3-43所示对话框左上角的选择列表中选择，每选中一种方式，均会在其中显示出这种方式的编号逻辑。

2）匹配选项选择列表，主要用来选择重新编号的匹配参数。可以选择对整个项目的原理图或者只对某张原理图进行流水号重新编号。通常在参数表中选择Comments来实现流水号的重新配置。

3）在起始索引编辑框中可填入起始编号，后缀编辑框中可填入编号的后缀。

（2）建议更改列表显示系统建议的重新编号情况。

2. 更新操作

在注释对话框中设置了更新流水号的方式后，就可以继续流水号的更新操作。具体操作过程如下。

（1）单击"Reset All"按钮，系统将会使元件编号复位。

（2）单击"更新修改列表"按钮，系统将会按设定的编号方式更新编号情况，然后在弹出的对话框中单击OK确定更新，并且更新会显示在建议更改列表中。

（3）单击接受更改（创建ECO）按钮，系统将弹出如图3-44所示的编号变化情况对话框，在该对话框中，可以使编号更新操作有效。

☐ S2	☐	S22	mcu.SchDoc
☐ U1	☐	U5	mcu.SchDoc
☐ U2	☐	U4	mcu.SchDoc
☐ U3	☐	U7	mcu.SchDoc
☐ U4	☐	U6	mcu.SchDoc
☐ U5	☐	U8	mcu.SchDoc
☐ U6	☐	U10	mcu.SchDoc
☐ U7	☐	U9	mcu.SchDoc
☐ USB1	☐	USB1	mcu.SchDoc

图3-44 更新编号后的元件列表

（4）单击图3-43所示对话框的使更改生效按钮，即可使变化有效，此时图形中元件的序号还没有显示出变化。

（5）单击执行更改按钮，即可真正执行编号的变化，此时图纸上的元件序号才真正改变。

单击更该报告按钮，可以以预览表的方式报告有哪些变化。

（6）单击关闭按钮完成流水号的改变。

3. 备份更新前的元件流水号

在更新元件流水号前，一般应该将当前的流水号备份，以便于恢复。执行"工具"→"返回注释"命令，或者单击图3-43中的"返回注释"按钮，即可将当前的原理图元件流水号备份起来，备份文件为纯文本文件，后缀为.ECO或.WAS。

4. 复位元件流水号

在设计原理图时，还可以对所有元件流水号进行复位。可以使用如图3-43所示的"Reset All"按钮复位元件流水号，也可以直接执行"工具"→"复位标号"命令来实现该操作。当执行该命令后，系统会弹出一个确认对话框，单击"Yes"按钮即可。

5. 直接更新流水号

当执行"工具"→"复位标号"命令复位了元件流水号后，可以执行"工具"→"静态注释"命令直接更新流水号，系统会按照默认的流水号设置方式对所有流水号进行更新重排。

注意，当执行静态注释命令前，如果流水号没有任何变化，则该命令无效。

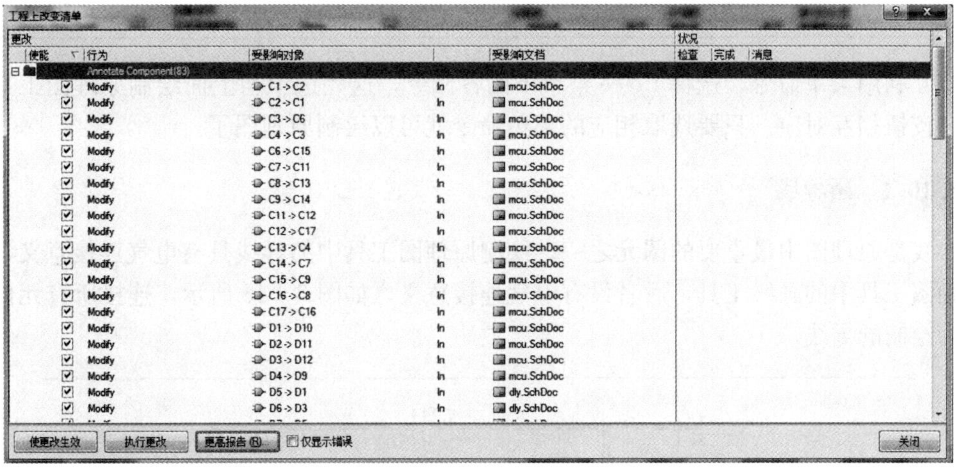

图 3-45　编号变化情况对话框

6. 强制更新流水号

执行"工具"→"标注所有器件"命令，可以对没有重排流水号的所有元件实行强制更新流水号。系统会按照流水号排列规则进行重排流水号。

3.10　绘制原理图的基本图元

前面讲述了如何放置元件及元件的编辑、放置电源端口以及节点，完成了这些操作还不能绘制出一张原理图。还需要将原理图的各元件相应引脚连接起来，有需要总线连接的图还需要绘制总线以及总线出入端口，以及设置相关的网络标号等。下面就讲述如何绘制这些原理图设计中的基本图形元素。Altium Designer 提供了两种方法来绘制原理图基本图元。

（1）利用原理图的布线工具栏（Wiring Tools）。该方法直接单击绘制原理图工具栏中的各个按钮，以选择合适的工具。原理图工具栏各个按钮的功能见表 3-1。

表 3-1　　　　　　　绘制原理图工具栏的按钮及其功能

按　钮	功　能	按　钮	功　能
≈	绘制导线	↖	放置总线出入端口
↖	绘制总线	Net	设置网络标号
⊶	放置连接器的线束信号	⏚	放置接地

71

续表

按　钮	功　能	按　钮	功　能
VCC	放置电源	⇒]	放置线束连接器
]>	放置元件	•⟩	放置线束连接器信号出入端口
▥	放置电路方块图	⟩	放置输入/输出端口
▢	放置电路方块图出入端口	✕	放置非 ERC 测试点

（2）利用菜单命令。选择 Place 菜单下的各命令，这些选项与上面绘制原理图工具栏上的各个按钮相互对应。只要选取相应的菜单命令就可以绘制原理图了。

3.10.1　画导线

导线是原理图中最重要的图元之一。绘制原理图工具中的导线具有电气连接意义，它不同于画图工具中的画线工具，后者没有电气连接意义。如图 3－46 所示，连接所有元件的导线即为绘制的导线。

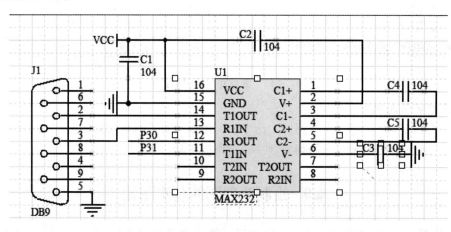

图 3－46　画导线

1. 画导线步骤

执行"放置"→"导线"命令或单击绘制原理图工具栏内的图标 ≈，光标变成十字状，表示系统处于画导线状态，画导线的步骤如下。

（1）将光标移到所画导线的起点，单击，再将光标移动到下一点或导线终点，再单击即可绘制出一条导线。以该点为新的起点，继续移动光标，绘制第二条导线。

（2）如果要绘制不连续的导线，则可以在完成前一条导线后，右击或按 ESC 键，然后将光标移动到新导线的起点，单击，再按前面的步骤绘制另一条导线。

（3）画完所有导线后，连续右击两次，即可结束画导线状态，光标由十字形状变成箭头形状。

在绘制原理图的过程中，按空格键可以切换画导线模式。Altium Designer 中提供有三种画导线方式，分别是直角走线、45°走线、任意角度走线。图 3－47 中连接所有元件的导线均为直角走线。

2. 导线属性对话框的设置

在画导线状态下，按 Tab 键即可打开导线属性对话框，进而进行导线设置，如图 3-47 所示。其中有几项设置，分别介绍如下。

（1）导线宽度设置。线宽项用于设置导线的宽度，单击线宽项右边的下拉式箭头则可打开一个下拉式列表，列表中有 4 项选择，即 Smallest、Small、Medium 和 Large，分别对应最细、细、中和粗导线。

（2）颜色设置。颜色项用于设置导线的

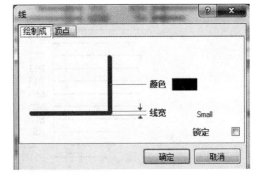

图 3-47　导线属性对话框

颜色。单击颜色项右边的色块后，会出现颜色设置对话框，它提供 240 种预设颜色。选择所要的颜色，单击确定按钮，即可完成导线颜色的设置。用户也可以单击颜色设置对话框的自定义按钮，选择自定义颜色。

3.10.2　画总线

所谓总线（Bus）是指一组具有相关性的信号线。原理图使用较粗的线条代表总线。

在原理图中，总线只是为了迎合人们绘制原理图的习惯，其目的仅是为了简化连线的表现方式。总线本身并没有任何实质上的电气意义。也就是说，尽管在绘制总线时会出现热点，而且在拖动操作时总线也会维持其原先的连接状态，但这并不表明总线就真的具有电气意义的连接。

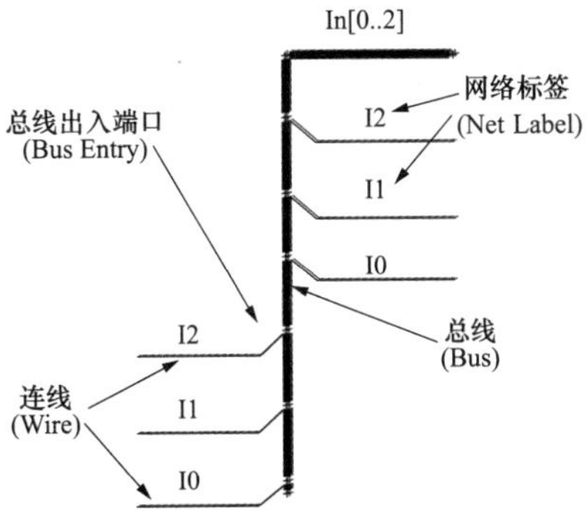

总线与总线出入端口的示意如图 3-48 所示。习惯上，连线应该使用总线出入端口（Bus Entry）符号来表示与总线的连接。但是，总线出入端口同样也不具备实际的电气意义。所以当通过"编辑"→"选择"→"网络"菜单命令来选取网络时，总线与总线出入端口并不亮显。

在总线中，真正代表实际电气意义的是通过线路标签与输入输出端口来表示的逻辑连通性。通常，线路标签名称应该包括全部总线中网络的名称，例如 A（0，…，10）就代表名称为 A0、A1、A2 直到 A10 的

图 3-48　总线与总线出入端口

网络。假如总线连接到输入输出端口，这个总线就必须在输入输出端口的结束点上终止才行。

技巧：绘制总线可用电路绘制工具栏上的按钮 ⤵ 或通过命令"放置"→"总线"来实现，总线的属性设置与导线类似。

举一个总线绘制的实例：没有绘制数据总线的图形如图 3-49 所示，下面就在该图形基础上绘制数据总线。

首先执行命令"放置"→"总线"或从布线工具栏上选择 ⤵，然后在图形屏幕上绘制数据总线，绘制的位置可以根据要求确定，如果位置不合适，还可以手动调整。绘制数据总

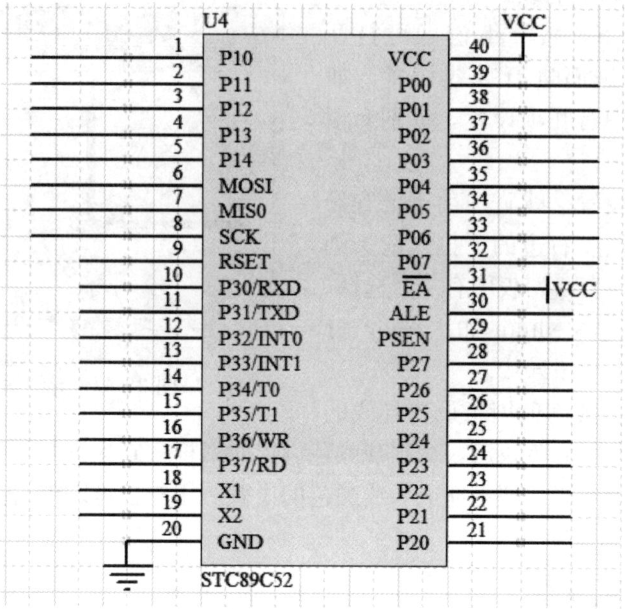

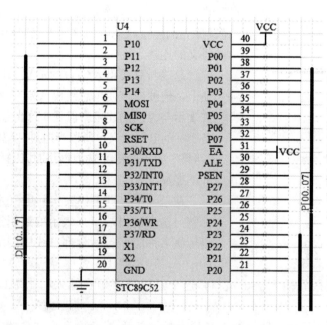

图 3-49　没有绘制总线的图形

线后的图形如图 3-50 所示。

图 3-50　绘制数据总线后的图形

3.10.3　画总线出入端口

总线出入端口是单一导线进出总线的端点，如图 3-51 所示。总线出入端口没有任何的电气连接意义，只是让电路看上去更具有专业水准。因此是否有总线出入端口，与电气连接没有任何关系。

1. 画总线出入端口步骤

执行画总线出入端口命令"Place"→"Bus Entry"或单击绘制原理图工具栏内的图标 $\uparrow$ ，光标变成十字状，并且上面有一段45°或135°的线，表示系统处于画总线出入端口状态，如图3-51所示。画总线出入端口的步骤如下。

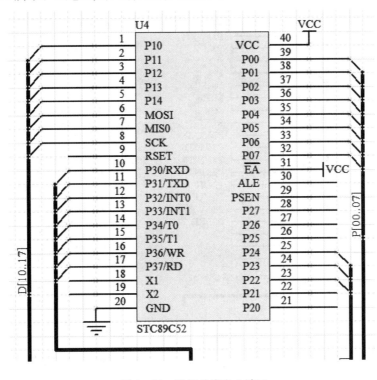

图3-51 放置总线出入端口

（1）将光标移到所要放置总线出入端口的位置，光标上出现一个圆点，表示移到了合适的放置位置，单击即可完成一个总线出入端口的放置。

（2）画完所有总线出入端口后，右击即可退出画总线出入端口状态，光标由十字形状变成箭头形状。

在绘制原理图的过程中按空格键，总线出入端口的方向将逆时针旋转90°；按 X 键总线出入端口左右翻转；按 Y 键总线出入端口上下翻转。

2. 总线出入端口属性对话框的设置

在放置总线出入端口状态下，按 Tab 键，即可进入总线出入端口属性对话框，如图3-52所示。

线宽为设置线的宽度；颜色操作项用来设置线的颜色；其他操作项说明如下。

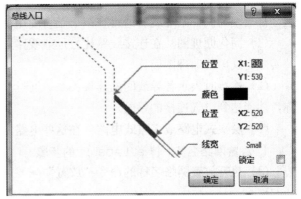

图3-52 总线出入端口属性对话框

（1）位置 X1 和 Y1：设置总线出入端口中第一个点的 X 轴和 Y 轴坐标值。

（2）位置 X2 和 Y2：设置总线出入端口中第二个点的 X 轴和 Y 轴坐标值。

双击已绘制完毕的总线出入端口，也可以进入总线出入端口属性对话框。

总线出入端口绘制实例：图 3‐51 刚绘制了总线，接下来执行菜单命令"放置"→"总线入口"或从布线工具栏上选择 ，然后在总线处绘制总线出入端口线，如图 3‐53 所示。

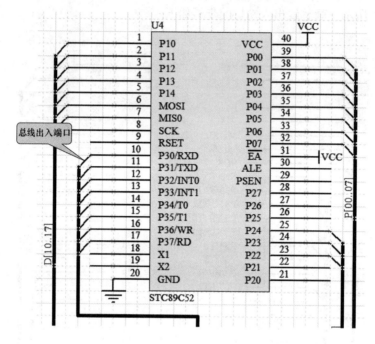

图 3‐53 绘制了总线出入端口后的图形

技巧：当放置一些标准元件或图形时，可以在绘制前调整位置，调整的方法为：在选择了元件，但还没有放置前，按住空格键即可旋转元件，此时可以选择需要的角度放置元件。如果按 Tab 键，则会进入元件属性对话框，用户也可以在元件属性对话框中进行设置。

3.10.4 设置网络名称

网络名称具有实际的电气连接意义，具有相同网络名称的导线不管图上是否连接在一起，都被视为同一条导线。通常在以下场合使用网络名称。

（1）简化原理图。在连接线路比较远或线路过于复杂而使走线困难时，利用网络名称代替实际走线可使原理图简化。

（2）连接时表示各导线间的连接关系。通过总线连接的各个导线必须标上相应的网络名称，才能达到电气连接的目的。

（3）层次式电路或多重式电路。在这些电路中网络名称表示各个模块电路之间的连接。

1. 放置网络名称（Net Label）的步骤

（1）执行放置网络名称的命令"放置"→"网络标签"，或者单击绘制原理图工具栏中的图标 。

（2）执行放置网络名称命令后，将光标移到放置网络名称的导线或总线上，光标上产生一个小圆点，表示光标已捕捉到该导线，单击即可正确放置一个网络名称。

（3）将光标移到其他需要放置网络名称的位置，继续放置网络名称。右击可结束放置网络名称状态。

在放置过程中，如果网络名称的尾部是数字，则这些数字会自动增加。如现在放置的网络名称为 D0，则下一个网络名称自动变为 D1；同样，如果现在放置的网络名称为 1A，则下一个网络名称自动变为 2A，如图 3-54 所示，即为顺序放置网络名称的原理图部分。

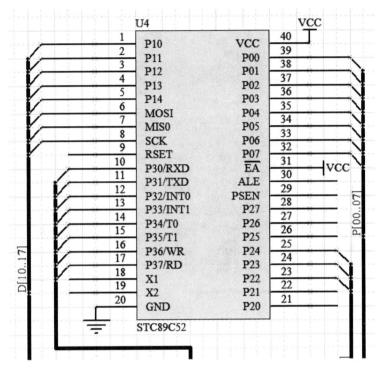

图 3-54 放置网络名称的原理图

2. 设置网络名称属性对话框

在放置网络名称的状态下，如果要编辑所要放置的网络名称，按 Tab 键即可打开网络名称属性对话框，如图 3-55 所示。

（1）"颜色"操作项用来设置网络名称的颜色。

（2）"网络"编辑框设置网络的名称，也可以单击其右边下拉按钮选择一个网络名称。

（3）位置 X 和 Y 设置项设置网络名称所放位置的 X 坐标值和 Y 坐标值。

（4）方位设置项设置网络名称放置的方向。将鼠标放置在角度位置，则会显示一个下拉按钮，单击下拉按钮即可打开下拉列表，其中包括 4 个选项 0 Degrees、90 Degrees、180 Degrees 和 270 Degrees，分别表示网络名称的放置方向为 0°、90°、180°和 270°。

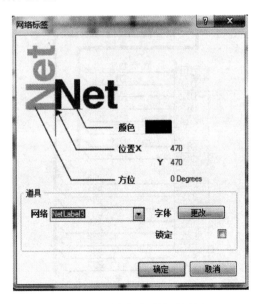

图 3-55 网络名称属性对话框

（5）字体设置项设置所要放置文字的字体，单击更改（Change）后出现设置字体对话框。如图 3－55 所示，已经放置了网络名称，现在可以对各网络名称进行属性编辑，修改网络名称后的图形如图 3－56 所示。

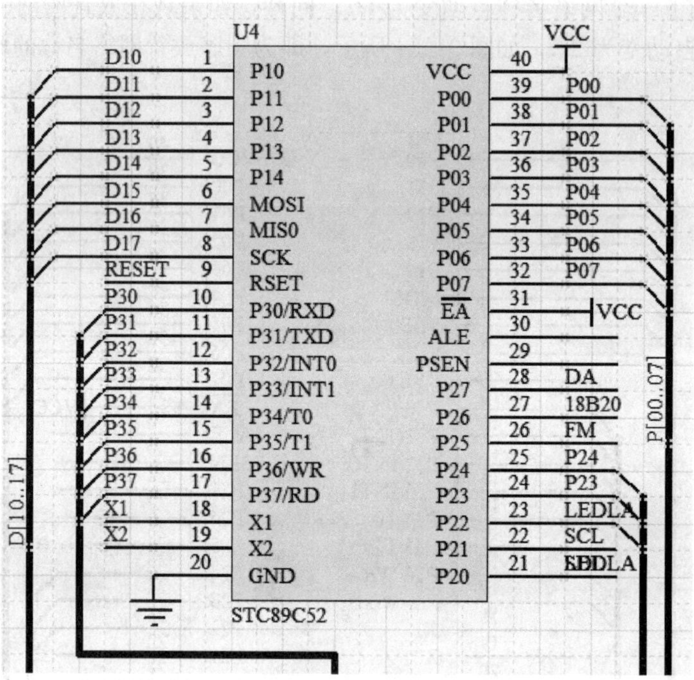

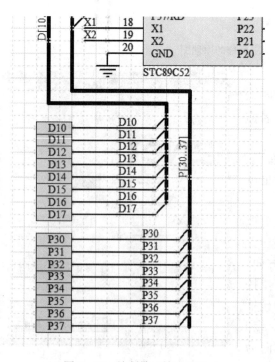

图 3－56　修改所放置网络名称后的图形

3.10.5　放置输入输出端口

　　在设计原理图时，一个网络与另外一个网络的连接，可以通过实际导线连接，也可以通过放置网络名称使两个网络具有相互连接的电气意义。放置输入输出端口，同样实现两个网络的连接，相同名称的输入输出端口，可以认为在电气意义上是连接的。输入输出端口也是层次图设计不可缺少的组件。

　　1．放置输入输出端口的步骤

　　在执行输入输出端口命令"放置"→"端口"或单击绘制原理图工具栏里的图标 后，光标变成十字状，并且在其上面出现一个输入输出端口的图标，如图 3－57 所示。在合适的位置，光标上会出现一个圆点，表示此处有电气连接点。单击即可定位输入输出端口的一端，移动鼠标使输入输出端口的大小合适，再单击，即可完成一个输

图 3－57　绘制输入输出端口

入输出端口的放置。右击可结束放置输入输出端口状态。

2. 设置输入输出端口

在放置输入输出端口状态下，按 Tab 键，即可开启如图 3-58 所示对话框。对话框中共有 10 个设置项，下面介绍几个主要选项的内容。

(1) "命名"编辑框定义 I/O 端口的名称，具有相同名称的 I/O 端口的线路在电气上是连接在一起的。图中的名称默认值为 Port。

(2) 端口外形的设定（Style），I/O 端口的外形一共有 8 种，如图 3-59 所示。本实例中设定为 Left&Right。

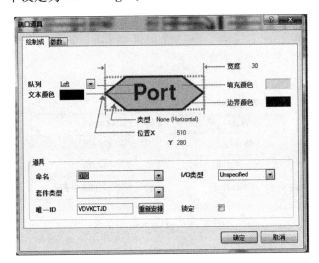

图 3-58 端口属性对话框

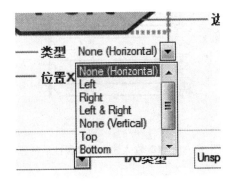

图 3-59 端口外形

(3) 设置端口的电气特性（I/O Type），设置端口的电气特性也就是对端口的 I/O 类型设置，它会为电气法则测试（ERC）提供依据。例如，当两个同属 Input（输入）类型的端口连接在一起的时候，电气法则测试时，会产生错误报告。端口的类型设置有以下 4 种。

1) Unspecified。未指明或不确定。

2) Output。输出端口型。

3) Input。输入端口型。

4) Bidirectional。双向型。

(4) 线束类型（Harness Type）。当一个端口连接到和线束与连接器相连的信号时，则该连接器的线束类型会自动显示。在图 3-60 所示对话框中，是不可操作的，因为该端口没有连接到线束连接器。注意，一个端口也可以直接连接到线束连接器。

(5) 设置端口的形式（Align ment）。端口的形式与端口的类型是不同的概念，端口的形式仅用来确定 I/O 端口的名称在端口符号中的位置，而不具有电气特性。端口的形式共有三种：Center、Left 和 Right。

其他项目的设置包括 I/O 端口的宽度、位置、边线的颜色、填充颜色，以及文字标注的颜色等。这些用户可以根据自己的要求来设置。

下面对如图 3-60 所示的端口进行修改设置，Name（名称）分别修改为 D10 和 P30；Style（端口的外形）修改为 Left&Right；I/O Type（I/O 类型）修改为 Bidirectional（输入型端口）；Align ment（名称布置）修改为 left（靠右）；Length（长度）修改为 30；其他不变。修改后的端口如图 3-60 所示。

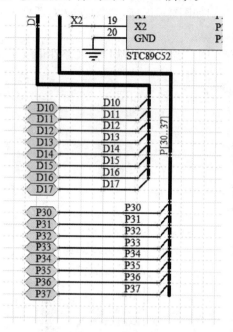

3.10.6　放置线束连接器

线束连接器常常用于快速接口中，在 Altium Designer 的原理图设计模块提供了使用线束连接器的功能。放置线束连接器的操作过程如下。

（1）执行放置线束连接器的命令。单击 Wiring 工具栏中的按钮 或者执行菜单命令"放置"→"线束"→"线束连接器"，如图 3-61 所示。

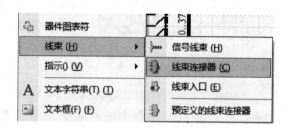

图 3-60　修改输入输出端口属性后的原理图　　　图 3-61　Harness 子菜单

（2）执行该命令后，光标变为十字状，此时光标处就带着线束连接器符号。然后在需要放置线束连接器的位置单击，再将光标移到线束连接器的另一角，即产生一个线束连接器形状，然后再次单击，即可完成该线束连接器的放置，如图 3-62 所示。

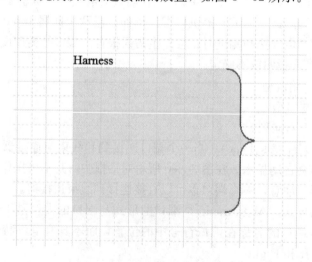

图 3-62　放置的线束连接器

（3）放置了线束连接器后，在线束连接器上双击，或者在放置线束连接器时按 Tab 键，就可以进入如图 3-63 所示的线束连接器属性设置对话框。此时就可以设置线束连接器的属性。

在"Harness Type"（线束类型）属性编辑框中，可以输入线束类型字符串，用来识别该线束连接器。线束连接器的出入端口通过线束类型和指定的线束连接器相连接。一个信号线束具有一个相对应的线束类型。

如果选择"Hide Harness Type"（隐藏线束类型）复选框，则线束连接器的线束类型字符串会被隐藏。

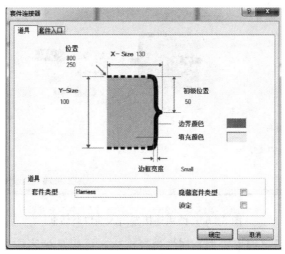

图 3-63　线束连接器属性设置对话框

3.10.7　放置线束连接器端口

在原理图上放置了线束连接器后，就可以在线束连接器内部区域放置线束连接器的端口。

1. 放置线束连接器端口

（1）执行放置线束连接器端口的命令。单击布线工具栏中的按钮 或者执行菜单命令"放置"→"线束"→"线束入口"。

（2）执行该命令后，光标变成十字状，此时光标处就带着线束连接器端口符号，线束连接器出入端口是灰色的。然后将光标移到线束连接器区域，端口符号就变为亮显，如图 3-64 所示。此时就可以在线束连接器内部有效位置放置出入端口。单击即可完成该线束连接器端口的放置，如图 3-65 所示即为放置了多个出入端口的线束连接器。

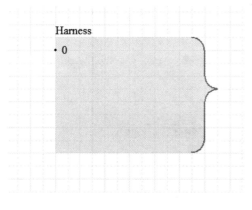

图 3-64　放置线束连接器的端口

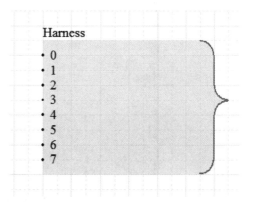

图 3-65　放置了端口的线束连接器

81

（3）放置了线束连接器端口后，在线束连接器的某个端口上双击，或者在放置线束连接器端口时按 Tab 键，就可以进入如图 3‑66 所示的线束连接器出入端口对话框，此时就可以设置线束连接器端口的属性。

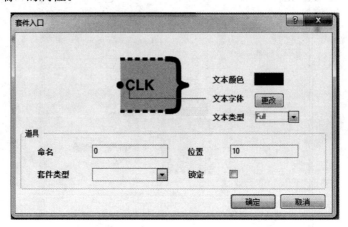

图 3‑66　线束连接器出入端口对话框

在"Harness Type"（线束类型）属性选择框中，可以从列表中为该线束出入端口选择线束类型。如果定义了线束连接器出入端口的线束类型，就可以在列表中进行选择。

2. 设置线束连接器端口的类型

放置了线束连接器和其出入端口后，可以为出入端口定义线束类型。可以双击线束连接器，然后从弹出的对话框中选择线束出入端口选项卡，如图 3‑67 所示。然后就可以在"Harness Type"（线束类型）列表中定义出入端口的线束类型。通常可以定义的线束类型应该是已经在当前原理图中存在的线束类型。

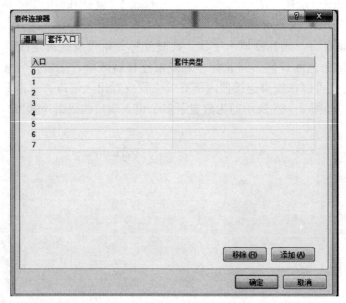

图 3‑67　"线束出入端口"选项卡

然后就可以连接信号线束到线束连接器出入端口，与某个端口相连接的信号线束也具有与该端口相同的线束类型。

3.10.8 放置信号线束

当放置了线束连接器及其出入端口后，就可以添加信号线束连接到出入端口，具体操作如下。

（1）执行放置信号线束的命令。单击布线工具栏中的按钮 ⊨ 或者执行菜单命令"放置"→"信束"→"信号信束"。

（2）执行该命令后，光标变成十字状。然后将光标移动到需要连接信号线束的端口处，与连接信号导线的操作方法类似。如图 3-68 所示即为添加了信号线束的连接器。

（3）添加了信号线束后，在信号线束上双击，或者在放置信号线束时按 Tab 键，就可以进入如图 3-69 所示的信号线束对话框。此时就可以设置信号线束的属性。

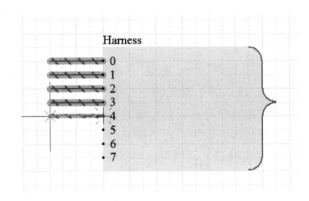

图 3-68 放置信号线束

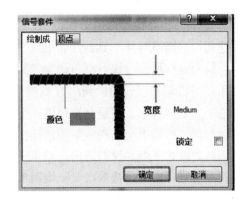

图 3-69 信号线束对话框

3.11 绘 制 图 形

在原理图中可以加一些说明性的文字或者图形。在制作元件时，还需要绘制元件的图形单元。原理图提供了很好的绘图功能，可以完成元件的设计和制作，以及图形的标注。由于图形对象并不具备电气特性，所以在做电气法则测试（ERC）和生成网络表时，它们并不产生任何影响，也不会附加在网络表数据中。

3.11.1 绘图工具栏

在原理图中，利用一般绘图工具栏上的各个按钮进行绘图是十分方便的，可以在实用（Utilities）工具栏的绘图子菜单命令中选择。绘图工具栏按钮的功能见表 3-2。另外，通过"放置"→"绘图工具"菜单也可以找到绘图工具栏上各按钮所对应的命令。

表 3-2　　　　　　　　　　绘图工具栏的按钮及其功能

按　钮	功　　能	按　钮	功　　能
／	绘制直线	□	绘制实心直角矩形

续表

按　钮	功　能	按　钮	功　能
⊠	绘制多边形	▢	绘制实心圆角矩形
⌒	绘制椭圆弧线	⬭	绘制椭圆形及圆形
⌓	绘制贝塞尔曲线	◖	绘制饼图
A	插入文字	🖼	插入图片
🅰	插入文字框		

3.11.2　绘制直线

直线在功能上完全不同于元件间的导线。导线具有电气意义，通常用来表现元件间的物理连通性，而直线并不具备任何电气意义。

绘制直线可通过执行菜单命令"放置"→"绘图工具"→"直线"，或单击工具栏上的按钮 ╱，将编辑模式切换到画直线模式，此时鼠标指针除了原先的空心箭头之外，还多出了一个大十字符号。在绘制直线模式下，将大十字指针符号移动到直线的起点，单击，然后移动鼠标，屏幕上会出现一条随鼠标指针移动的预拉线。右击一次或按 Esc 键一次，则返回到画直线模式，但并没有退出。如果还处于绘制直线模式下，则可以继续绘制下一条直线，直到双击鼠标右键或按两次 Esc 键退出绘制状态。

如果在绘制直线的过程中按下 Tab 键，或在已绘制好的直线上双击，即可打开如图3-70 所示的 PolyLine 对话框，从中可以设置该直线的一些属性，包括 Line Width（线宽，有 Smallest、Small、Medium、Large 几种），Line Style（线型，有实线 Solid、虚线 Dashed 和点线 Dotted 几种），Color（颜色）。

单击已绘制好的直线，可使其进入选中状态，此时直线的两端会各自出现一个四方形的小点，即所谓的控制点，如图3-71 所示。可以通过拖动控制点来调整这条直线的起点与终点位置。另外，还可以直接拖动直线本身来改变其位置。

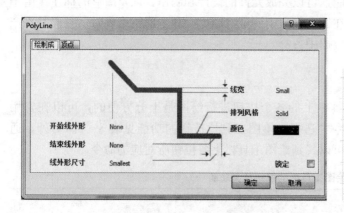

图3-70　PolyLine 对话框

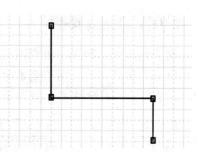

图3-71　绘制直线

3.11.3 绘制多边形

所谓多边形（Polygon）是指利用鼠标指针依次定义出图形的各个边脚所形成的封闭区域。

（1）执行绘制多边形命令。绘制多边形可通过执行菜单命令"放置"→"绘图工具"→"多变形"，或单击工具栏上的按钮 ⊠，将编辑状态切换到绘制多边形模式。

（2）绘制多边形。执行此命令后，鼠标指针旁边会多出一个大十字符号。首先在待绘制图形的一个角单击，然后移动鼠标到第二个角单击，形成一条直线，然后再移动鼠标，这时会出现一个随鼠标指针移动的预拉封闭区域。现在依次移动鼠标到待绘制图形的其他角单击。如果右击就会结束当前多边形的绘制，进入下一个绘制多边形的过程。如果要将编辑模式切换回待命模式，可再右击或按下 Esc 键。绘制的多边形如图 3-72 所示。

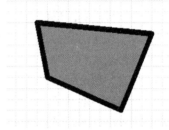

图 3-72 绘制的多边形

（3）编辑多边形属性。如果在绘制多边形的过程中按下 Tab 键，或是在已绘制好的多边形上双击，就会打开如图 3-73 所示的多变形对话框，可从中设置该多边形的一些属性，如边框宽度（Smallest、Small、Medium、Large）、边框颜色、填充颜色、设置为实心多边形和透明，选中该选项后，双击多边形内部不会有响应，而只在边框上有效。

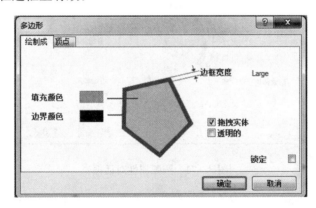

图 3-73 Polygon 对话框

如果直接单击已绘制好的多边形，即可使其进入选取状态，此时多边形的各个角都会出现控制点，可以通过拖动这些控制点来调整该多边形的形状。此外，也可以直接拖动多边形本身来调整其位置。

3.11.4 绘制圆弧与椭圆弧

（1）执行绘制圆弧与椭圆弧命令。绘制圆线可通过菜单命令"放置"→"绘图工具"→"圆弧"，将编辑模式切换到绘制圆弧模式。绘制椭圆弧可使用菜单命令"放置"→"绘图工具"→"椭圆弧"或单击工具栏上的按钮 ⌢ 。

（2）绘制图形。绘制圆弧和椭圆弧的操作方式类似。

1）绘制圆弧。绘制圆弧的操作过程如下。

首先在待绘制图形的圆弧中心处单击，然后移动鼠标会出现圆弧预拉线。接着调整好圆弧半径，然后单击，指针会自动移动到圆弧缺口的一端，调整好其位置后单击鼠标左键，指针会自动移动到圆弧缺口的另一端，调整好其位置后单击，就结束了该圆弧的绘制，并进入下一个圆弧的绘制过程，下一次圆弧的默认半径为刚才绘制的圆弧半径，开口也一致。

结束绘制圆弧操作后，右击或按下 Esc 键，即可将编辑模式切换回等待命令模式。

2）绘制椭圆弧。所谓椭圆弧与圆弧略有不同，圆弧实际上是带有缺口的标准圆形，而椭圆弧则为带有缺口的椭圆形。所以利用绘制椭圆弧的功能也可以绘制出圆弧。椭圆弧绘制的操作过程如下。

首先在待绘制图形的椭圆弧中心点处单击，然后移动鼠标会出现椭圆弧预拉线。接着调整好椭圆弧 X 轴半径后单击，然后移动鼠标调整好椭圆弧 Y 轴半径后单击，指针会自动移动到椭圆弧缺口的一端，调整好其位置后单击，指针会自动移动到椭圆弧缺口的另一端，调整好其位置后单击就结束了该椭圆弧的绘制，同时进入下一个椭圆弧的绘制过程。

（3）编辑图形属性。如果在绘制圆弧或椭圆弧的过程中按下 Tab 键，或者单击已绘制好的圆线或椭圆弧，可打开其"属性"对话框。"圆弧属性"和"椭圆弧属性"对话框内容差不多，分别如图 3－74 和图 3－75 所示，只不过"Arc"（圆弧）对话框中控制半径的参数

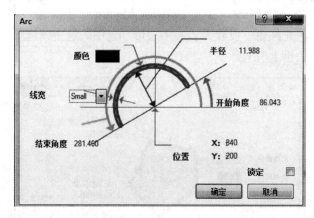

图 3－74　圆弧属性对话框

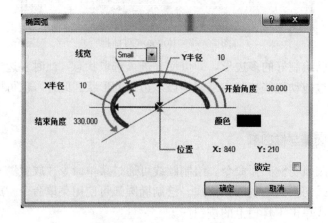

图 3－75　椭圆弧属性对话框

只有 Radius 一项，而椭圆弧（Elliptical Arc）对话框则有 X‑Radius、Y‑Radius（X 轴、Y 轴半径）两项。其他的属性有 X‑Location（中心点的 X 轴坐标）、Y‑Location（中心点的 Y 轴坐标）、LineWidth（线宽）、Start Angle（缺口起始角度）、End Angle（缺口结束角度）、Color（线条颜色）、Selection（切换选取状态）。

单击已绘制好的圆弧或椭圆弧，可使其进入选取状态，此时其半径及缺口端点会出现控制点，拖动这些控制点来调整圆弧或椭圆弧的形状。此外，也可以直接拖动圆弧或椭圆弧本身来调整其位置。

3.11.5　放置注释文字

（1）执行放置注释文字命令。要在绘图页上加上注释文字（Text String），可以通过执行菜单命令"放置"→"文本字符串"或单击工具栏上的按钮 **A**，将编辑模式切换到放置注释文字模式。

（2）放置注释文字。执行此命令后，鼠标指针旁边会多出一个大十字和一个虚线框，在想放置注释文字的位置单击，绘图页面中就会出现一个名为"Text"的字串，并进入下一次操作过程。

（3）编辑注释文字。如果在完成放置动作之前按下 Tab 键，或者直接在"Text"字串上双击，即可打开 Annotation（注释文字属性）对话框，如图 3‑76 所示。

在此对话框中最重要的属性是 Text 栏，它负责保存显示在绘图页中的注释文字串（只能是一行），并且可以修改。此外还有其他几项属性：X‑Location、Y‑Location（注释文字的坐标），Orientation（字串的放置角度），Color（字串的颜色），Font（字体）。

如果要将编辑模式切换回等待命令模式，可在此时右击或按下 Esc 键。

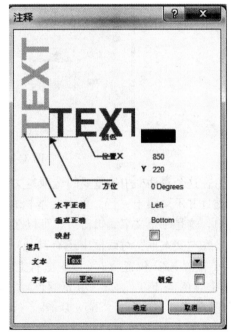

图 3‑76　注释文字属性对话框

如果想修改注释文字的字体，可以单击"更改"按钮，系统将弹出一个字体设置对话框，此时可以设置字体的属性。

当制作元件库时，需要添加注释和名称，该命令将很有用。

3.11.6　放置文本框

（1）执行放置文本框命令。要在绘图页上放置文本框可通过菜单命令"放置"→"文本框"或单击工具栏上的按钮 ，将编辑状态切换到放置文本框模式。

（2）放置文本框（Text Frame）。前面所介绍的注释文字仅限于一行的范围，如果需要多行的注释文字，就必须使用文本框。

执行放置文本框命令后，鼠标指针旁边会多出一个大十字符号，在需要放置文本框的一个边角处单击，然后移动鼠标就可以在屏幕上看到一个虚线的预拉框，单击该预拉框的对角位置，就结束了当前文本框的放置过程，并自动进入下一个放置过程。

（3）编辑文本框。如果在完成放置文本框的动作之前按下 Tab 键，或者直接双击文本框，就会打开"文本框"属性对话框，如图 3-77 所示。

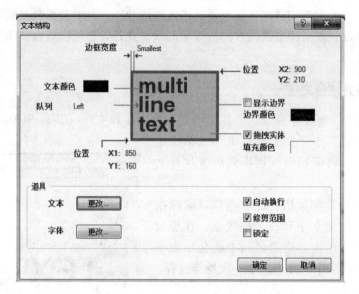

图 3-77　文本框属性对话框

在这个对话框中最重要的选项是文本栏，它负责保存显示在绘图页中的注释文字串，但在此处并不局限于一行。单击文本栏右边的"更改"按钮可打开一个"Text Frame Text"窗口，这是一个文字编辑窗口，可以在该窗口编辑显示字串。

在"文本框"对话框中还有其他一些选项，如：位置 X1、位置 Y1（文本框左下角坐标），位置 X2、位置 Y2（文本框右上角坐标），Border Width（边框宽度），Border Color（边框颜色），Fill Color（填充颜色），Text Color（文本颜色），Font（字体），Draw Solid（设置为实心多边形），Show Border（设置是否显示文本框边框），Align ment（文本框内文字对齐的方向），Word Wrap（设置字回绕），修剪范围（当文字长度超出文本框宽度时，自动截去超出部分）。

如果直接单击文本框，可使其进入选中状态，同时出现一个环绕整个文本框的虚线边框，此时可直接拖动文本框本身来改变其放置的位置。

3.11.7　绘制矩形

这里的矩形分为直角矩形（Rectangle）与圆角矩形（Round Rectangle），它们的差别在于矩形的 4 个边角是否由椭圆弧所构成。除此之外，这二者的绘制方式与属性均十分相似。

（1）执行绘制矩形命令。绘制直角矩形可通过菜单命令"放置"→"绘图工具"→"矩形"或单击工具栏上的按钮▢来实现。绘制圆角矩形可通过菜单命令"放置"→"绘图工具"→"圆角矩形"或单击工具栏上的按钮▢来实现。

（2）绘制矩形。执行绘制矩形命令后，鼠标指针旁边会多出一个大十字符号，然后在待绘制矩形的一个角上单击，接着移动鼠标到矩形的对角，再单击即完成当前这个矩形的绘制过程，同时进入下一个矩形的绘制过程。

若要将编辑模式切换回等待命令模式，可在此时右击或按下 Esc 键。绘制的矩形和圆角矩形如图 3-78 所示。

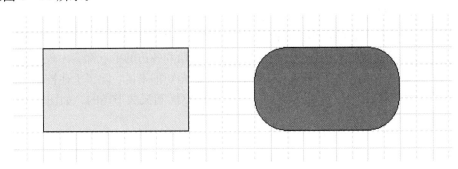

图 3-78　绘制的矩形和圆角矩形

（3）编辑修改矩形属性。在绘制矩形的过程中按下 Tab 键，或者直接双击已绘制好的矩形，就会打开如图 3-79 或图 3-80 所示的"Rectangle"（矩形）或"Round Rectangle"（圆角矩形）对话框。

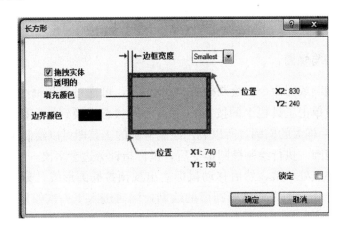

图 3-79　直角矩形属性对话框

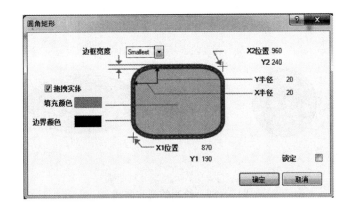

图 3-80　圆角矩形属性对话框

其中圆角矩形比直角矩形多两个属性：X－Radius 和 Y－Radius，它们是圆角矩形 4 个椭圆角的 X 轴与 Y 轴半径。除此之外，直角矩形与圆角矩形共有的属性包括：位置 X1、位置 Y1（矩形左下角坐标），位置 X2、位置 Y2（矩形右上角坐标），Border Width（边框宽度），Border Color（边框颜色），Fill Color（填充颜色）和 Draw Solid（设置为实心多边形）。

如果直接单击已绘制好的矩形，可使其进入选中状态，在此状态下可以通过移动矩形本身来调整其放置的位置。在选中状态下，直角矩形的 4 个角和各边的中点都会出现控制点，可以通过拖动这些控制点来调整该直角矩形的形状。对于圆角矩形来说，除了上述控制点之外，在矩形的 4 个角内侧还会出现一个控制点，这是用来调整椭圆弧的半径的，如图 3－81 所示。

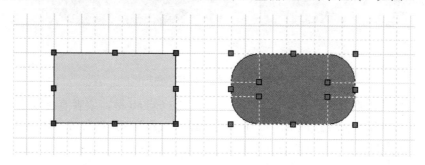

图 3－81　矩形和圆角矩形的控制点

3.11.8　绘制圆与椭圆

（1）执行绘制椭圆或圆命令。绘制椭圆（Ellipse），可通过菜单命令"放置"→"绘图工具"→"椭圆"或单击工具栏上的按钮 ，将编辑状态切换到绘制椭圆模式。由于圆就是 X 轴与 Y 轴半径一样大的椭圆，所以利用绘制椭圆的工具即可以绘制出标准的圆。

（2）绘制圆与椭圆。执行绘制椭圆命令后，鼠标指针旁边会多出一个大十字符号，首先在待绘制图形的中心点处单击，然后移动鼠标会出现预拉椭圆形线，分别在适当的 X 轴半径处与 Y 轴半径处单击，即完成该椭圆形的绘制，同时进入下一次绘制过程。如果设置的 X 轴与 Y 轴的半径相等，则可以绘制圆。

此时如果希望将编辑模式切换回等待命令模式，可右击或按下键盘上的 Esc 键。绘制的图形如图 3－82 所示。

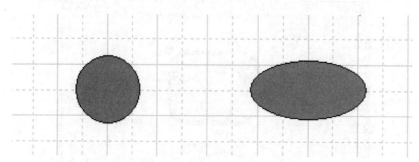

图 3－82　绘制的圆和椭圆

（3）编辑图形属性。如果在绘制椭圆形的过程中按下 Tab 键，或是直接双击已绘制好的椭圆形，即可打开如图 3-83 所示的"椭圆形"对话框，可以在此对话框中设置该椭圆形的一些属性，如 X-Radius、Y-Radius（椭圆形的中心点坐标），X-Radius 和 Y-Radius（椭圆的 X 轴与 Y 轴半径），Border Width（边框宽度），Border Color（边框颜色），Fill Color（填充颜色），Draw Solid（设置为实心多边形）。

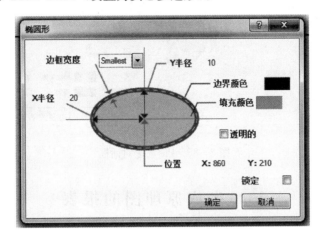

图 3-83　椭圆属性对话框

如果想将一个椭圆改变为标准圆，可以修改 X-Radius 和 Y-Radius 编辑框中的数值，使之相等即可。

3.11.9　绘制饼图

（1）执行绘制饼图（Pie Charts）命令。所谓饼图就是有缺口的圆形。若要绘制饼图，可通过菜单命令"放置"→"绘图工具"→"饼图"或单击工具栏上的按钮，将编辑模式切换到绘制饼图模式。

（2）绘制饼图。执行绘制饼图命令后，鼠标指针旁边会多出一个饼图图形，首先在待绘制图形的中心处单击，然后移动鼠标会出现饼图预拉线。调整好饼图半径后单击，鼠标指针会自动移到饼图缺口的一端，调整好其位置后单击，鼠标指针会自动移到饼图缺口的另一端，调整好其位置后再单击即可结束该饼图的绘制，同时进入下一个饼图的绘制过程。此时如果右击或按下 Esc 键，可将编辑模式切换回等待命令模式。绘制的饼图如图 3-84 所示。

（3）编辑饼图。如果在绘制饼图过程中按下 Tab 键，或者直接双击已绘制好的饼图，可打开如图 3-85 所示的 Pie 图表对话框。在该对话框中可设置如下属性：位置 X、位置 Y（中心点的 X 轴、Y 轴坐标），Radius（半径），Border Width（边框宽度），Start Angle（缺口起始角度），End

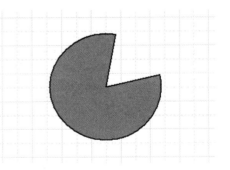

图 3-84　绘制的饼图

Angle（缺口结束角度），Border Color（边框颜色），Color（填充颜色）、Draw Solid（设置为实心饼图）。

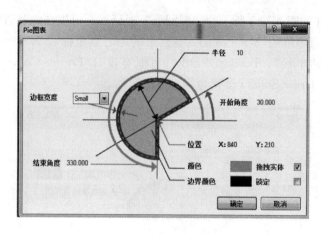

图 3 - 85 Pie 图表对话框

3.12 生 成 原 理 图 的 报 表

3.12.1 网络表

在 Schematic 所产生的各种报表中，以网络表（Netlist）最为重要。绘制原理图的最主要目的就是由设计电路转换出一个有效的网络表，以供其他后续处理程序（例如 PCB 设计或仿真程序）使用。由于 Altium Designer 系统高度的集成性，可以在不离开绘图页编辑程序的情况下直接执行命令，生成当前原理图或整个项目的网络表。

在由原理图生成网络表时，使用的是逻辑的连通性原则，而非物理的连通性。也就是说，只要是通过网络标签所连接的网络就被视为有效的连接，并不需要真正地由连线（Wire）将网络各端点实际地连接在一起。

网络表有很多种格式，通常为 ASCII 码文本文件。网络表的内容主要为原理图中各元件的数据（流水号、元件类型与封装信息）以及元件之间网络连接的数据。Altium Designer 中大部分的网络表格式都是将这两种数据分为不同的部分，分别记录在网络表中。

由于网络表是纯文本文件，因此用户可以利用一般的文本编辑程序自行创建或修改已存在的网络表。当用手工方式编辑网络表时，在保存文件时必须以纯文本格式来保存。

1. Altium Designer 网络表格式

标准的 Altium Designer 网络表文件是一个简单的 ASCII 码文本文件，在结构上大致可分为元件描述和网络连接描述两部分。

（1）元件描述。

格式如下。

```
[                 元件声明开始
C1                元件序号
CC1608 - 0603     元件封装
0.1uf             元件注释
]                 元件声明结束
```

元件的声明以 "[" 开始，以 "]" 结束，将其内容包含在内。网络经过的每一个元件都须有声明。

（2）网络连接描述。

格式如下。

```
(                  网络定义开始
NetR18_1           网络名称
R18-1              元件序号为 R18，元件引脚号为 1
U3-106             元件序号为 U3，元件引脚号为 106
U6-10              元件序号为 U6，元件引脚号为 10
)                  网络定义结束
```

网络定义以"（"开始，以"）"结束，将其内容包含在内。网络定义首先要定义该网络的各端口。网络定义中必须列出连接网络的各个端口。

2. 生成网络表

（1）执行"设计"→"工程的网络表"→"Protel"命令。然后系统就会生成一个 .NET 文件。

（2）从项目管理器列表的 Generated 中，选择并双击 Netlist Files 所产生的网络表文件，系统将进入 Altium Designer 的文本编辑器，并打开该 .NET 文件。

注意，网络表是联系原理图和 PCB 的中间文件，PCB 布线需要网络表文件（.NET）。网络表文件不但可以从原理图获得，而且还可以按规则自己编写，同样可以用来创建 PCB。

网络表不但包括上面举例说明的 PCB 网络表，而且还可以生成 PADS、PCAD、VHDL、CPLD、EDIF 和 XSpice 等类型的网络表，这些文件表示的网络表不但 Altium Designer 可以调用，还可以为其他 EDA 软件所采用。

3.12.2 元件列表

元件的列表主要用于整理一个电路或一个项目文件中的所有元件。它主要包括元件的名称、标注、封装等内容。本节以单片机实验板原理图为例，讲述产生原理图元件列表的基本步骤。

（1）打开原理图文件，执行"报告"→"Bill of Material"命令。

（2）执行该命令后，系统会弹出如图 3-86 所示的项目的材料表窗口，在此窗口可以看到原理图的元件列表。

（3）可以在 Export Options（输出选项）操作框的 File Format（文件格式）列表中选择输出文本类型，包括 Excel 格式（.xls）、CSV 格式、PDF 格式、文本文件格式（.txt）、网页格式以及 XML 文件格式。

如果单击 Excel 按钮，系统会打开 Excel 应用程序，并生成以 .xls 为扩展名的元件报表文件，不过此时需要选中"Open Exported"（打开输出文件）复选框。如果选择"Add to Project"（添加到项目）复选框，则生成的文件会添加到项目中。另外还可以在"Excel Options"操作区选择模板文件。

如果选中"Force Columns to View"（强制栏在视图中显示）复选框，则 BOM 窗口的所有列会被强制在视图中显示。如果选择"Include Parameters From Database"，则会包括来自数据库中的参数，但是该项目必须有数据库文件，否则就不能操作。如果选择"Include Parameters From PCB"，则会包括来自当前项目的 PCB 文件的参数，但是该项目必须有已经存在的 PCB 文件，否则就不能操作。

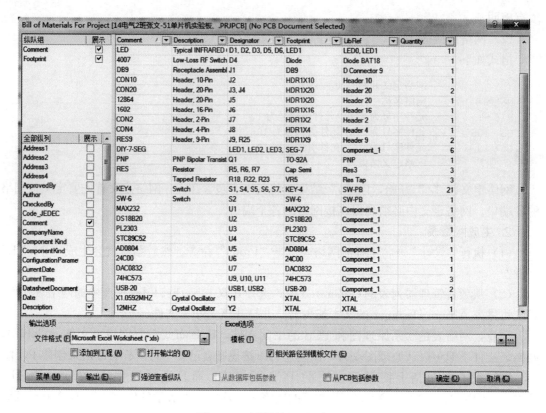

图 3 – 86　项目的 BOM 窗口

当然，也可以从 Menu 菜单中选择快捷命令来操作，包括：Export（导出）命令，相当于上面的 Export 按钮；Report（生成报告）命令。

（4）单击 Export 按钮，系统会弹出一个提示生成输出文件的对话框，此时可以命名需要输出的文件，然后单击 OK 按钮即可生成所选文件格式的 BOM 文件。生成的 .xls 格式的 BOM 文件。

（5）输出了 BOM 文件后，就可以单击 OK 按钮结束操作。

　上机实训

绘制"串联稳压电源"原理图，如图所示。

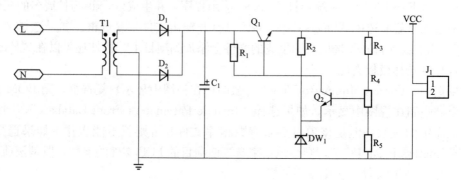

操作要求如下:

(1) 创建"串联稳压电源 . PrjPCB"工程文件,并设置图纸参数的"原理图 . SchDoc"原理图文件。

(2) 放置元件 T_1、D_1、D_2、DW_1、C_1、R_1、R_2、R_3、R_5、R_4、Q_1、Q_2、J_1。

(3) 参照串联稳压电源原理图,调整元器件的位置。

(4) 进行原理图元件的连线。

(5) 放置电源和接地符号。

(6) 放置端口 L 和 N。

(7) 保存画好的原理图文件。

第 4 章

单片机实验板原理图基本操作

4.1 总线、总线入口、网络标号的基本概念

总线在 Altium Designer 中是用一条粗线来代表多条并行的导线，通过总线可以简化电路原理图。总线与一般导线的性质不同，它本身没有任何电器连接意义，必须由总线接出的各个单一入口上的网络标号来完成电气意义上的连接，具有相同网络标号的导线在电气上是连接的。在设计电路原理图的过程中，合理设置总线可以缩短原理图的过程，使原理图更加简洁明了。

总线与导线或元件引脚连接时，必须使用总线入口，总线入口是 45°或 135°倾斜的线段。

元器件之间除了使用导线进行电气连接外，也可以使用设置网络标号来实现元器件之间的电气连接。在图 3－46 中，如果使用导线将引脚进行连接就显得杂乱无章，使用总线简化了电路，但是总线不具有电气特性，也就是说各个引脚仍然没有连接，因此必须在相连的引脚上放置相同的网络标号。

4.2 查找放置核心元件

4.2.1 新建原理图文件

新建一个 PCB 工程，命名为"单片机实验板 . PrjPCB"并保存，在工程上新建一个原理图文件"dly. SchDoc"。如图 4－1 所示。

执行"文件"→"新建"→"工程"→"PCB 工程"菜单命令，这样就生成了一个后缀名为 . PrjPCB 的工程文件。

执行"文件"→"新建"→"原理图"菜单命令，如图 4－2 所示。或用鼠标选中工程名称，在右键快捷菜单中执行"给工程添加新的（N）"→"Schematic"菜单命令，如图 4－3 所示。这样就生成了一个后缀名为 . SchDoc 的原理图文件。

4.2.2 查找并放置核心元件

打开元件库工作面板，在元件库文件列表框中选择元件所在的元件库，在元件名称列表中输入要查找的元件名，如图 4－4 所示。元件名称支持迷糊查找，可以输入部分元件名称，"＊"表示任意数量的任意数字或字母，"？"表示一个任意的数字或字母。例如，查找"r? s"显示的查找结果如图 4－5 所示。

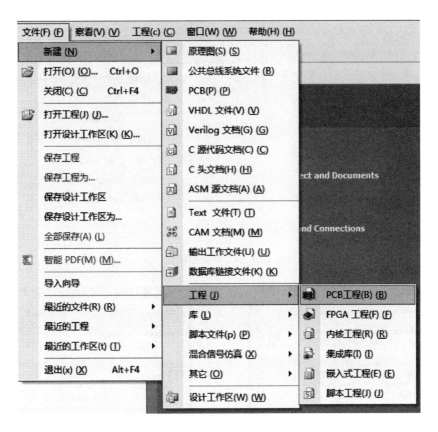

图 4-1　新建 PCB 工程

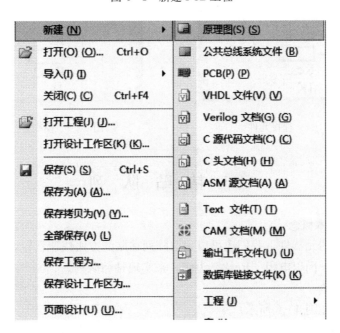

图 4-2　新建原理图

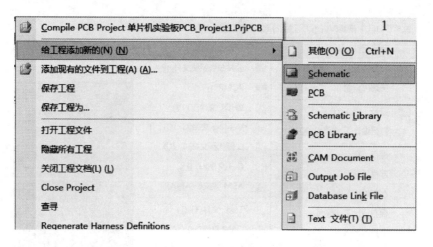

Compile PCB Project 单片机实验板PCB_Project1.PrjPCB		1
给工程添加新的(N) (N)	▶	其他(O) (O) Ctrl+N
添加现有的文件到工程(A) (A)...		Schematic
保存工程		PCB
保存工程为...		Schematic Library
打开工程文件		PCB Library
隐藏所有工程		CAM Document
关闭工程文档(L) (L)		Output Job File
Close Project		Database Link File
查寻		Text 文件(T) (T)
Regenerate Harness Definitions		

图4-3　新建原理图

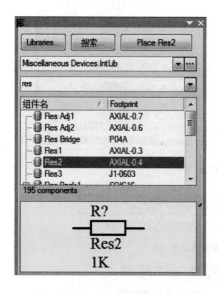

图4-4　查找元件

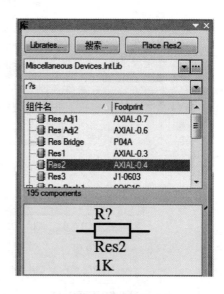

图4-5　模糊查找原件

4.3　粘　贴　队　列

1. 粘贴队列基本概念

对于同一型号的元器件,我们还可以采取阵列粘贴的方法快速设置,这样就减少了烦琐的复制粘贴过程。下面以电阻"Res2"为例,来实现粘贴队列。

2. 放置基准元件

放置基准元件如图4-6所示。

3. 粘贴队列操作方法

执行"编辑"→"灵巧粘贴"菜单命令,如图4-7所示。这样就进入了"智能粘贴"界面,如图4-8所示。

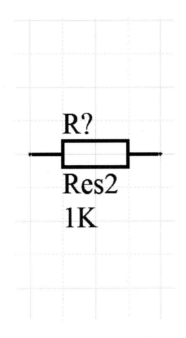

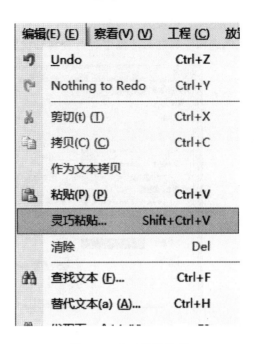

图4-6 放置电阻元件   图4-7 打开粘贴队列

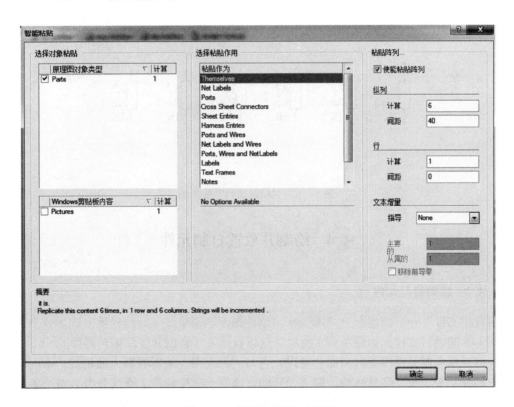

图4-8 "智能粘贴"对话框

其中"纵列"的"计算"和"行"的"计算"为复制元件的个数，我们需要复制6个电阻，在"纵列"的"计算"中输入"6"，"行"的"计算"中输入"1"。"间距"表示每一个元件之间的距离，单位为当前图纸的单位，可以执行"设计"→"文档选项"菜单命令，在打开"文档选项"属性对话框中进行查看和设置，如图 4-9 所示。

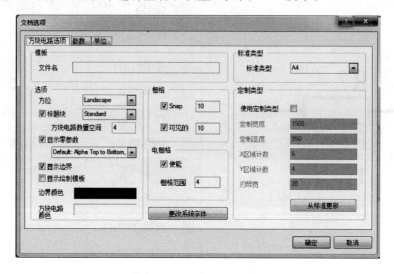

图 4-9 "文档选项"属性框

在"文档选项"属性对话框中，我们可以知道可视网格大小为 10，因此可以设置水平间隔为"40"，我们在"纵列"的"间距"中输入"40"即可完成。布局效果如图 4-10 所示。

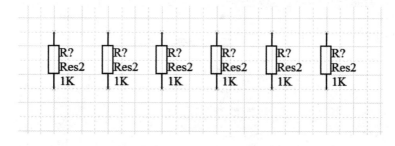

图 4-10 "粘贴队列"效果图

4.4 绘制并放置自制元件

4.4.1 绘制自制元件

执行"文件"→"新建"→"库"→"原理图库"菜单命令，这样就生成了一个后缀名为 .SchLib 的项目文件。如图 4-11 所示，这样就进入了自制元件库编辑界面。

我们观察自制元件库编辑画面会发现，它与"原理图"编辑界面大致相似，不同的是在工作中心有一个"十"字坐标轴，即 X、Y 轴，这两个坐标轴将工作区分为了四个象限，我们在绘制自制元件时一般在第四象限（右下角），同时要在紧靠原点处绘制。

在完成自制元件库的建立及保存后，将自动新建一个元件符号，默认为"Component_1"，可以通过单击标签栏中的"SCH Library"标签，打开元件库编辑器查看该元件符号，如图 4-12 所示。

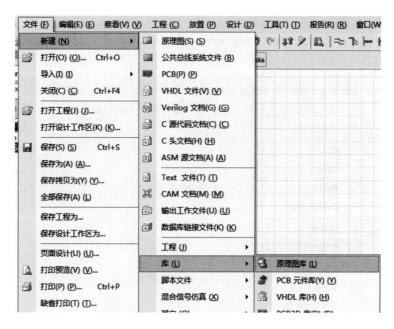

图 4 - 11　原理图库

图 4 - 12　元件库编辑器

原理图元件由两部分组成：元件外形和元件。以 MAX232 为例，开始绘制自制元件。在打开自制元件画面后，执行"放置"→"矩形"菜单命令，如图 4 - 13 所示。效果如图 4 - 14 所示。

图 4 - 13　放置矩形

　　元件外形仅仅起提示元件功能的作用，它的形状、大小不会影响原理图的正确性，但是对原理图的可读性具有重要作用，因此应该尽量绘制直观表达元件功能的元件外形图。

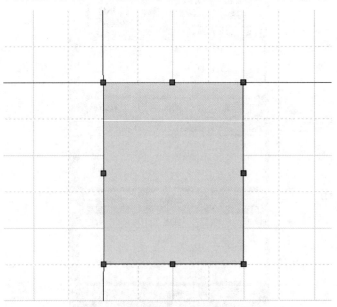

图 4 - 14　放置矩形效果图

　　在放置完"矩形"后，下面开始放置引脚，元件引脚是元件的核心部分，是具有电气特性的，每个引脚都包含序号和名称，序号是用于区分引脚的，不同的引脚要有不同的序号（必须有），名称是提示引脚功能的，可以为空。

执行"放置"→"引脚"菜单命令，就可以开始放置引脚了，如图4-15所示。

图4-15 放置引脚

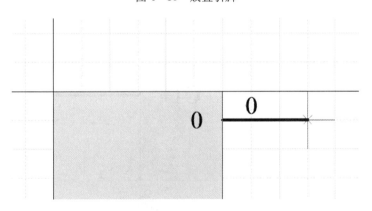

图4-16 放置矩形效果图

当执行命令后，光标变为带有引脚符号的"十"字形，单击合适位置放置。放置前按Tab键或者放置后双击，即可打开"引脚属性"对话框，如图4-17所示，对引脚进行属性设置。

将属性设置好后，单击"确认"按钮，引脚1就放置成功，注意引脚的电气属性以及方向，在放置时引脚的一端有一个"十"字形符号，这一端是具有电气特性的，应当朝外使其可以与导线相连，放置MAX232第一个引脚后得到的效果图如图4-18所示。

然后依照同样的方法将其余的引脚放置完成后，MAX232元件的原理图绘制即可完成，此时记得要及时保存，绘制完成后的效果如图4-19所示。

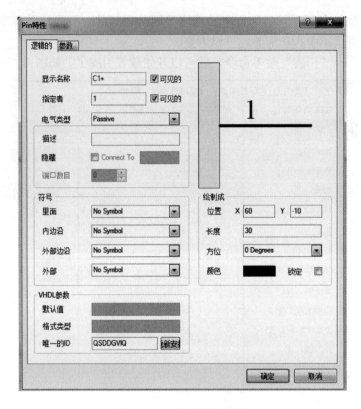

图4-17 引脚属性对话框

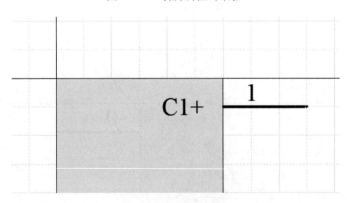

图4-18 引脚1放置完成

4.4.2 放置自制元件

放置自制元件有以下两种方法。

方法一：在"SCH Library"工作面板中单击"放置"按钮，系统直接切换到原理图编辑界面，光标处于放置元件状态，在合适位置单击即可放置，如图4-20所示。

方法二：切换到原理图编辑界面，选择元件库工作面板，在元件库列表中选择自制元件库"Schlib1.Schlib"，拖动元件"MAX232"或双击元件名到编辑区直接放置即可，如图4-21所示。

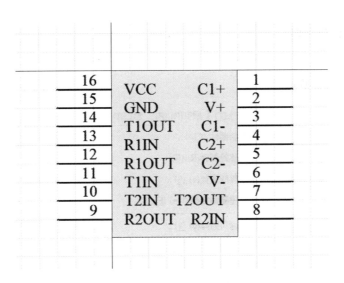

图 4 - 19 MAX232 元件

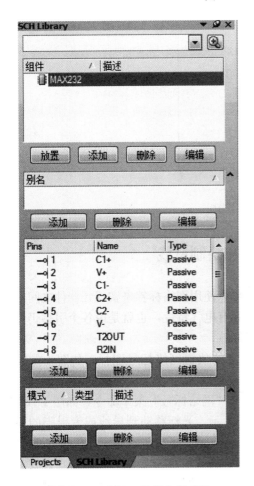

图 4 - 20 方法一放置自制元件

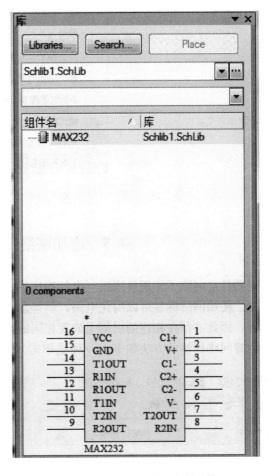

图 4 - 21 方法二放置自制元件

4.4.3　更新自制元件

在自制元件库界面，执行"工具"→"更新原理图"菜单命令，这样就可以更新修改的元件库了。如图 4-22 所示。

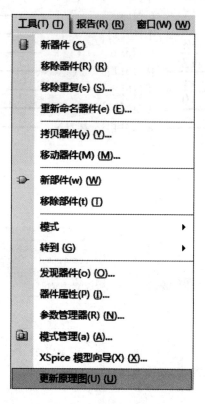

图 4-22　更新原理图

4.5　添加网络标签和绘制总线

元器件之间除了使用导线进行电气连接外，也可以使用网络标签来实现元器件之间的电气连接。使用网络标签可以简化电路，但是总线不具有电气特性，也就是说各个引脚仍然没有相连，因此必须在相连的引脚上放置相同的网络标签。

放置网络标签的方法如下：一种是单击工具栏上的放置网络标号图标，如图 4-23 所示，另一种方法就是执行"放置"→"网络标号"菜单命令，如图 4-24 所示，光标移动到导线或者引脚的顶端直至光标变为红色"十"字形时单击放置，在放置前按 Tab 键或者放置后双击网络标签，如图 4-25 所示，可以设置它的名字，也可以连续放置，在连续放置过程中系统将自动为网络

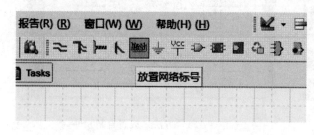

图 4-23　放置网络标号

标签编号，右击退出放置状态。

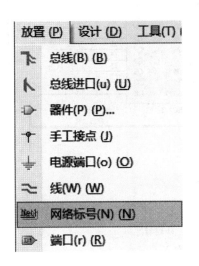

图 4 - 24　放置网络标号

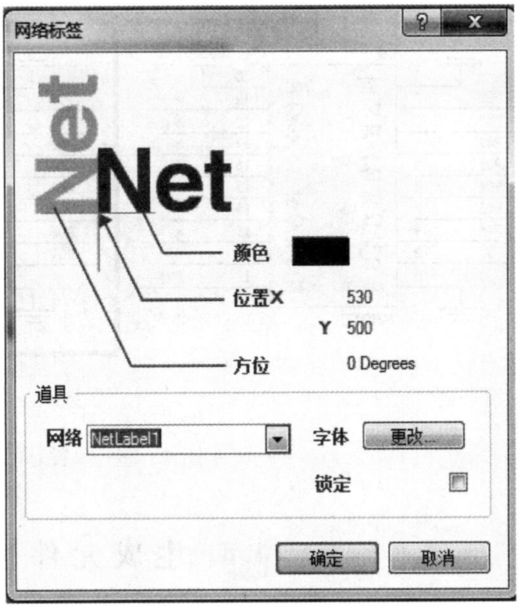

图 4 - 25　网络标签属性对话框

放置总线：执行"放置"→"总线"菜单命令，如图 4 - 26 所示，此时光标变成"十"字形状，在原理图相应位置单击，即可开始绘制总线。

双击所画总线或在画线状态时按 Tab 键可以弹出"总线"对话框，可以改变总线的线宽和颜色，如图 4 - 27 所示。

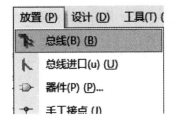

图 4 - 26　放置总线

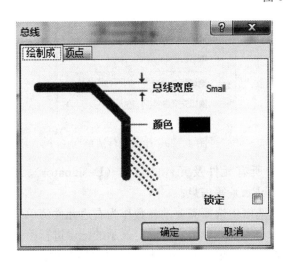

图 4 - 27　"总线"对话框

107

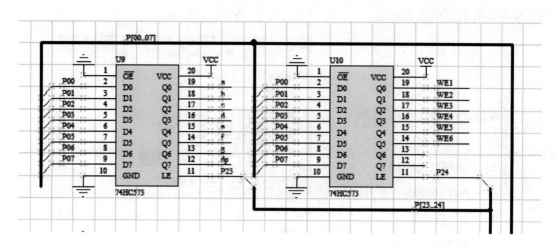

图 4-28　放置总线效果图

4.6　生成元件报表清单

当设计完一个项目后，就要进行元器件的采购工作。对于单片机实验板项目，因其元件种类、数量都较多，如果用人工的方法统计元件的信息会很容易出错。此时可以利用 Altium Designer 提供的元件采购清单来完成元件的统计工作。

执行"报告"→"Bill of Materials"菜单命令，如图 4-29 所示，可以打开项目元件列表对话框，如图 4-30 所示。

图 4-29　生成元件清单

其中，列出了项目中所有元件及元件的名称（Designator）、数量（Quantity）、封装（Footprint）、参考库（LibRef）等信息。

我们可以在左边的复选框中选择需要的参数作为右边元件清单表格的字段项，在元件清单表格的字段名上有一个小箭头，单击它可以对显示的记录进行筛选。

完成字段和记录的选取后，单击元件列表对话框中的"输出"按钮，将报表进行保存，如图 4-31 所示为以电子表格的形式输出"单片机实验板"的元件清单到指定位置。

108

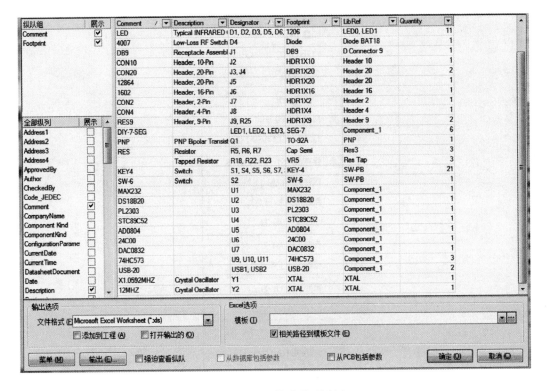

图 4 - 30　元件清单对话框

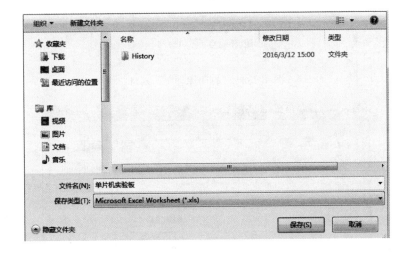

图 4 - 31　元件报表

4.7　打印原理图文件

如图 4 - 32 所示，执行"文件"→"打印"菜单命令，出现如图 4 - 33 所示对话框，就可以打印原理图了。

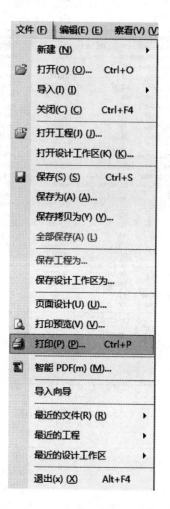

图 4-32 "打印原理图" 入口

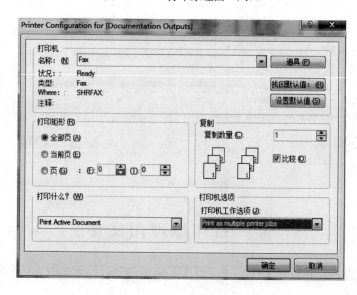

图 4-33 打印原理图属性框

创建"My_Sch_Lib"原理图元件库，添加 My_NPN、My_T 等新原理图元件，元件符号如图所示。

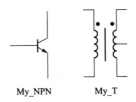

My_NPN　　　My_T

第 5 章

单片机实验板原理图高级操作

5.1 层次原理图的基本概念

随着电路的集成化程度越来越高，电路设计中的大部分电路都是比较复杂的电路。用一张电路原理图来绘制显得比较困难，此时我们可以采用层次电路来简化电路。层次电路实际上是一种模块化的设计方法，就是将要设计的电路划分为若干个功能模块，每个功能模块又可以再分为许多的基本功能模块。设计好基本功能模块，并且定义好各个模块之间的连接关系，就可以完成整个设计过程。

5.2 绘 制 主 原 理 图

5.2.1 创建项目文件和主原理图文件

新建一个 PCB 工程，命名为"单片机实验板 . PrjPCB"并保存，在工程中新建一个原理图文件"dly. SchDoc"。

执行"文件"→"新建"→"工程"→"PCB 工程"菜单命令，这样就生成了一个后缀名为 . PrjPCB 的工程文件，如图 5-1 所示。

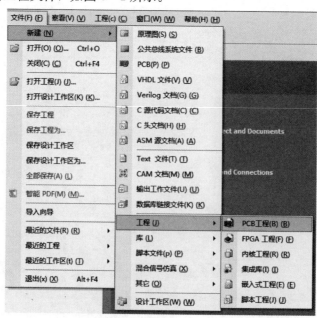

图 5-1 新建 PCB 工程

　　执行"文件"→"新建"→"原理图"菜单命令，如图 5 - 2 所示。或用鼠标选中工程名称，在右键快捷菜单中执行"给工程添加新的"→"Schematic"菜单命令，如图 5 - 3 所示。这样就生成了一个后缀名为 . SchDoc 的原理图文件。

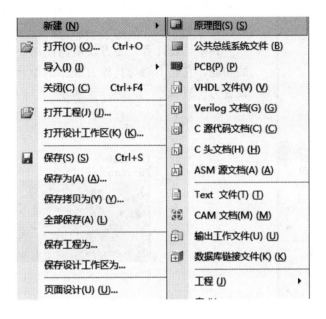

图 5 - 2　新建原理图

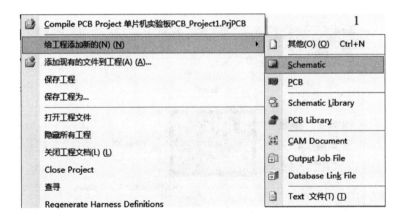

图 5 - 3　添加原理图

5.2.2　绘制图纸符号

　　如图 5 - 4 所示，执行"放置"→"图表符"菜单命令，执行命令后光标变为"十"字形状，并带着方块电路，如图 5 - 5 所示。

　　将光标移动到适当的位置后，单击，确定方块电路的左上角位置。然后拖动鼠标，移动到适当的位置后，单击，确定方块电路的右下角位置。这样就定义了方块电路的大小和位置。

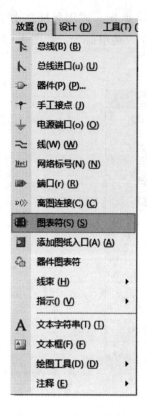

方块图表示一个电路的模块，它是一个黑匣子，我们不关心它里面装了什么，只需知道它的功能和接口即可。

放置方块图时按 Tab 键或放置后双击方块图会出现"方块符号"对话框，如图 5‑6 所示，可以在对话框中设置它的属性。

其中"设计者"为方块电路图的序号，可以表示该模块的功能，它是不能与其他方块图的设计者重名的，这里将它设置为"MCU"，如图 5‑7 所示。

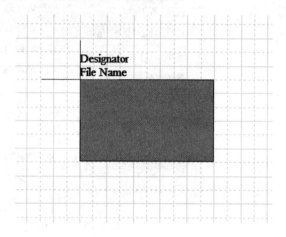

图 5‑4　放置图表符　　　　　　　　　图 5‑5　绘制方块图

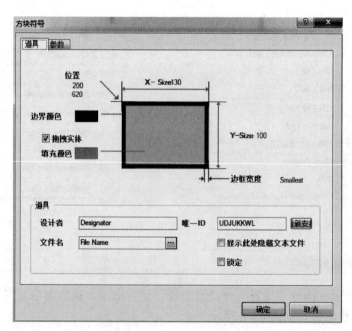

图 5‑6　"方块符号"对话框

"文件名"为该方块图所对应的子图，也就是黑匣子里面的内容，因此文件名必须准确，这里设置为"MCU. SchDoc"。

　　如果要更改方块电路名，除了在属性对话框中修改外，也可以双击文字标注，就会弹出"方块符号指示者"对话框，在其中可以进行修改，如图 5-8 所示。

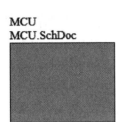

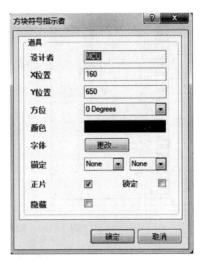

　　　　图 5-7　"MCU"模块方块图　　　　图 5-8　"方块符号指示者"对话框

　　绘制完一个方块电路后，系统仍处于放置方块电路的命令状态下，可以用同样的方法放置第二个方块图，因为表示显示模块电路，故将方块符号指示者设置为"DLY"，方块符号文件名设置为"DLY. SchDoc"。

5.2.3　放置图纸入口

　　放置图纸入口，执行"放置"→"添加图纸入口"菜单命令或单击工具栏的图纸入口 按钮。执行完命令后，光标变为"十"字形状，然后在需要放置入口的方块图上单击，此时光标处就带着方块电路的端口符号，在命令状态下按 Tab 键，系统弹出"图纸入口"对话框，在对话框中输入相应的名称及 I/O 类型，如图 5-9 所示。

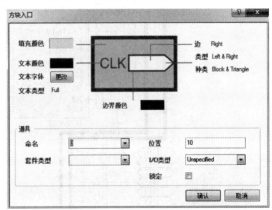

　　"命名"即为端口的网络，它与网络标号一样具有电气特性，因此必须与对应的网络一致。"I/O 类型"包括输入（Input）、输出（Output）、无方向（Unspecified）和双向（Bidirectional）几种类型。

　　　　　　　　　　　　　　图 5-9　"方块入口"对话框

5.2.4　连接图纸入口，添加网络标签

　　设置完属性后，将光标移动到适当的位置后，单击将其定位，用同样的方法完成本项目的所有端口的设置，并将电气上具有连接关系的端口用导线或总线连接在一起，如图 5-10 所示。

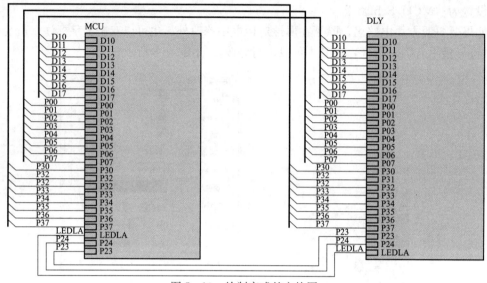

图 5 – 10　绘制完成的方块图

5.3　产生并绘制 CPU 模块子原理图

如图 5 – 11 所示，用前面所学，绘制单片机实验板 CPU 模块子原理图。需要注意的是端口、总线、网络标签之间的连接关系。

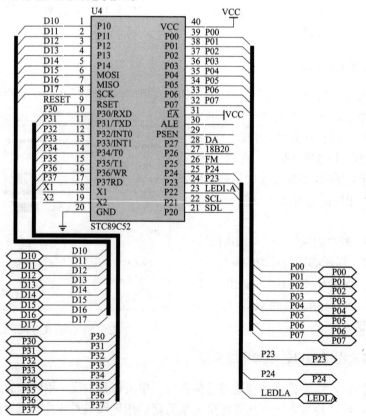

图 5 – 11　CPU 模块子原理图

5.4　产生并绘制 DLY 模块子原理图

如图 5-12 所示，用前面所学，绘制 DLY 模块子原理图。需要注意的是端口、总线、网络标签之间的连接关系。

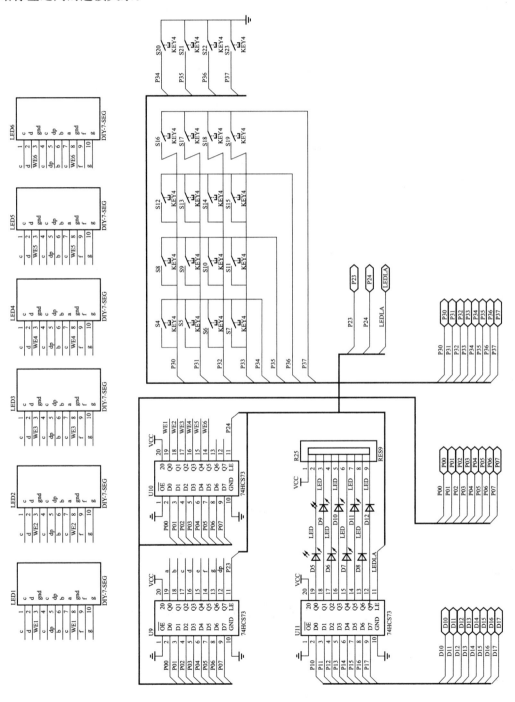

图 5-12　DLY 模块子原理图

5.5 产生并绘制 AD/DA 转换模块子原理图

如图 5-13 所示，用前面所学，绘制 AD/DA 转换模块子原理图。需要注意的是网络标签和引脚之间的对应关系。

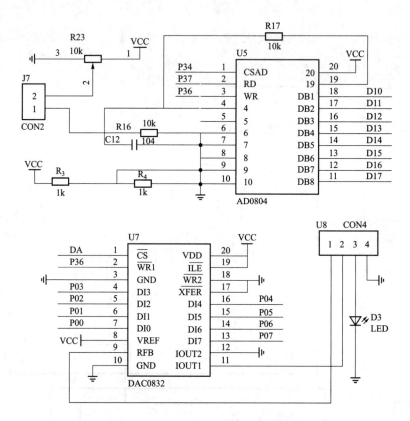

图 5-13 AD/DA 转换模块子原理图

5.6 产生并绘制通信模块子原理图

如图 5-14 所示，用前面所学，绘制通信模块子原理图。需要注意的是网络标签和引脚之间的对应关系。

5.7 产生并绘制电源模块子原理图

如图 5-15 所示，用前面所学，绘制电源模块子原理图。需要注意的是各个元件之间的连接关系。

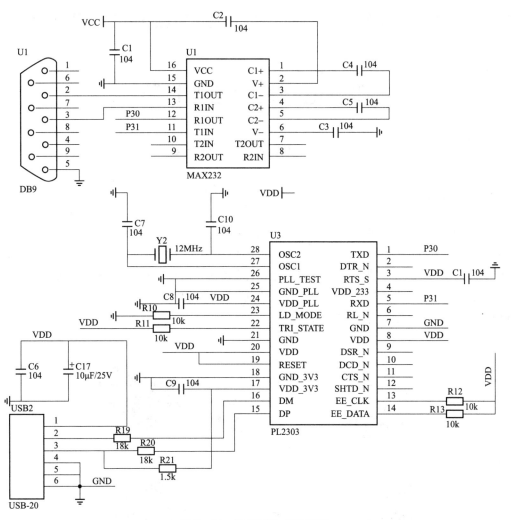

图 5 - 14　通信模块子原理图

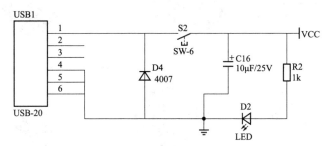

图 5 - 15　电源模块子原理图

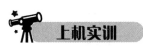

绘制 51 单片机实验板原理图。

第 6 章

印制电路板和元件封装

6.1 印 制 电 路 板

6.1.1 元件外形结构

元器件是实现电气功能的基本单元，它们的结构和外形各异。为了实现电器的功能，他们必须通过管脚相互连接；为了确保连接的正确性，各管脚都按一定的标准规定了管脚号。另外，各元件制造商为了满足各公司在对元器件的体积、功率等方面的要求，即使同一类型的元件，他们又设置有不同的元件外形和管脚排列，即元件外形结构。如图 6-1 所示同为三极管，但大小外形结构却差别很大。

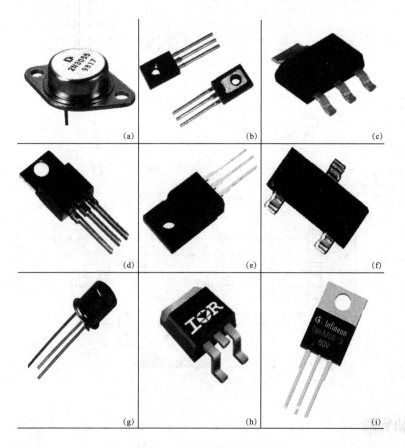

图 6-1   各种三极管外形结构

6.1.2　印制电路板结构

印制电路板是电子元件装载的基板，它的生产涉及电子、机械、化工等众多领域。它要提供原件安装所需的封装，要有实现元件管脚电气连接的导线，要保证电路设计所要求的电气特性，以及为元件装配、维修提供识别字符和图形。所以，它的结构较为复杂，制作工序较为烦琐，而了解印制电路板的相关概念，是成功制作电路板的前提和基础。

为了实现元器件的安装和管脚的连接，我们必须在电路板上按元件管脚的距离和大小钻孔，同时还必须在钻孔的周围留出焊接管脚的焊盘。为了实现元件管脚的电气连接，在有电气连接管脚的焊盘之间还必须覆盖一层导电能力较强的铜箔膜导线，同时为了防止铜箔膜导线在长期的恶劣环境中使用而氧化，减少焊接、调试时短路的可能性，在铜箔导线上涂抹了一层绿色阻焊漆，以及表示元件安装位置的元件标号。一个制作好并拆除了部分元件的实用电路板如图 6-2 所示。

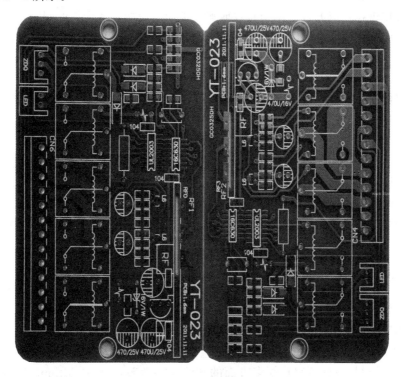

图 6-2　印制电路板样板

6.1.3　印制电路板种类

印制电路板的种类很多，根据元件导电层的多少可以分为单面板、双面板、多层板。

1. 单面板

单面板在电器中应用最为广泛。单面板所用的绝缘基板上只有一面是敷铜面，用于制作铜箔导线，而另一面只印上没有电气特性的元件型号和参数等，以便于元器件的安装、调试和维修。单面板由于只有一面敷铜，因此无须过孔，制作简单，成本低廉，功能较为简单，在电路板面积要求不高的电子产品中得到广泛的应用，如电视机、显示器等家用电器中，为降低成本，一般多采用单面板。但因为单面板只有一个导电敷铜面，所有管脚之间的电气连接导线都必须在焊锡面完成，而同一信号层面管脚之间的连接导线不能交叉短路，所以单面板的设计难度相对双面板而言要难，它要求设计人员具备丰富的实际设计经验。如有必要，可对交叉导线采用短接跳线的办法解决，在后面章节中将介绍此方法。

2. 双面板

随着电子技术的飞速发展，人们对于电子产品各方面的要求也越来越高，在要求电路功能更加完善、智能化程度不断提高的同时希望电子产品更加轻便，从而提高了电路板设计的元件密度。传统的单面板设计已经无法满足电子产品，特别是贴片元件电子产品的设计要求。为了从根本上突破元件连线和电路板面积的瓶颈，人们研制出了双面板。在绝缘基板的上、下两面均有敷铜层，都可制作铜箔导线。底面和单面板作用相同，而在顶面除了印制元件的型号和参数外，和底层一样可以制作成铜箔导线。元件一般仍安装在顶层，因此顶层又称为"元件面"，底层称为"焊锡面"。为了解决顶层和底层相同导线之间的连接关系，人们还制作了金属化过孔，双面板的采用有效地解决了同一层面导线交叉的问题，而过孔的采用又解决了不同层面导线的连通问题，与单面板相比，极大地提高了电路板的元件密度和布线密度。

3. 多层板

随着大规模和超大规模集成电路的应用，元件管脚数目急剧增多，电路中元件管脚的连接关系也越来越复杂。同时，为了降低功耗和提高效率，电路的工作频率也成倍升高，双面板已逐渐不能满足复杂电路的连线和高频电路的电磁屏蔽要求，如电脑主板等产品的布线要求。于是出现了多层板。多层板结构复杂，它由电气导电层和绝缘材料层交替黏合而成，成本较高，导电层数目一般为4、6、8等，且中间层一般连接元件管脚数目最多的电源和接地网络，层面的电气连接同样利用层间的金属化过孔实现。

双面板和多层板的采用，极大地提高了电路板的元件密度和布线密度。但制作成本也相对较高。

6.1.4 印制电路板的制作流程

为了能够更好地利用 Altium Designer 设计实用美观的 PCB 板，用户有必要了解 PCB 的制作工艺和流程，为 Altium Designer 中层面、规则等参数的设置打下基础。

PCB 板的生产过程较为复杂，涉及的工艺范围较广，包括机械学、光化学、电化学等工艺和计算机辅助制造（CAM）等多方面的知识。一般我们利用 Altium Designer 将 PCB 设计出来后就直接送往 PCB 板生产厂家制造生产，所以对于具体细节的工艺要求和技术，这里不作详细讲解，只是粗略地介绍印制电路板的制作流程。

单面板和双面板的一般制作过程如下：下料→丝网漏印→腐蚀→去除印料→孔加工→涂助焊剂和阻焊漆→印标注→成品分割→检查测试，如图 6-3 所示。

下料一般是指选取材料，厚度合适，整个表面铺有较薄铜箔的整张基板。丝网漏印指为了制作元件管脚间相连的铜箔导线，必须将多余的铜箔部分利用化学反应腐蚀掉，而使铜箔导线在化学反应的过程中保留下来，所以必须在腐蚀前将元件管脚间相连的铜箔导线利用特殊材料印制到铺有较薄铜箔的整张基板上，改特殊材料可以保证其下面的铜箔与腐蚀液隔离，将特殊材料印制到基板上的过程就是丝网漏印。接下来将丝网漏印后的基板放置在腐蚀

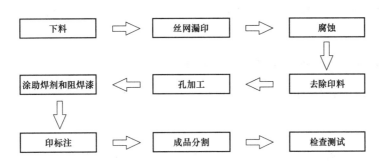

图 6-3　印制电路板一般制作过程

化学液中，将裸露出来的多余铜箔腐蚀掉，再利用化学溶液将保留下来的铜箔上的特殊材料清洗掉。通过以上步骤就制作出了裸露的铜箔导线。

为了实现元件的安装，还必须为元件的管脚提供安装孔，可利用数控机床在基板上钻孔。对于双面板而言，为了实现上下层导线的互联，还必须制作过孔，过孔的制作较为复杂，钻孔后还必须在过孔中电镀上一层导电金属膜，该过程就是孔加工。

在经过以上步骤后，电路板已经初步制作完成，但为了更好地装配元件和提高可靠性，还必须在元件的焊盘上涂抹一层助焊剂，助焊剂有利于焊盘与元件管脚的焊接。而在焊接过程中，为了避免和附近其他导线短接，还必须在铜箔导线上涂上一层绿色的阻焊漆，同时阻焊漆还可以保护其下部的铜箔导线在长期恶劣的工作环境中不被氧化腐蚀。

为了在元件装配和维修的过程中识别元件，还必须在电路板上印上元件的编号以及其他必要的标注。随后将整张制作完成的电路板分割为小的成品电路板。最后还要对电路板进行检查测试。

以上是单面板和双面板的制作过程，而多层板制作工艺更为复杂。当然各个 PCB 板生产厂家根据规模和技术设备的不同，在具体细节的制作过程可能不完全相同。

6.2　设置 Altium Designer 中印制电路板的层面

从印制电路板的制作流程中我们可以了解到，为了制作出各种不同类型的实用电路板，我们需要向电路板厂家提供各种必要的信息，如电路板的层数、导线的连接关系、焊盘的位置、大小等。下面介绍如何提供实际制作印制电路板时所需的各种参数和信息，首先引入层面的基本概念。

6.2.1　层面的基本概念

如果查看 PCB 工作区的底部，会看见一系列层标签。PCB 编辑器是一个多层环境，设计人员所做的大多数编辑工作都将在一个特殊层上。使用 Board Layers & Colors（板层和颜色）对话框可以显示、添加、删除、重命名及设置层的颜色。

在设计印制电路板时，往往会遇到工作层选择的问题。Altium Designer 提供了多个工作层供用户选择，用户可以在不同的工作层上进行不同的操作。当进行工作层设置时，应该执行 PCB 设计管理器的"Design"→"Board Layers & Colors"命令，系统将弹出如

图6-4所示的 Board Layers & Colors 对话框，其中显示用到的信号层、平面层、机械层以及层的颜色和图纸的颜色。

6.2.2 Altium Designer PCB 编辑器中的层面

Altium Designer 提供的工作层在 Board Layers & Colors 对话框中设置，主要有以下几种。

1. 信号层

Altium Designer 可以绘制多层板，如果当前板是多层板，则在信号层（Signal Layers）可以全部显示出来，用户可以选择其中的层面，主要有 Top Layer、Bottom Layer、Mid-Layer1、MidLayer2、……，如果用户没有设置 Mid 层，则这些层不会显示在该对话框中，用户可以执行 "Design" → "Layer Stack Manager" 命令设置信号层，执行该命令后，系统弹出如图6-4所示的对话框，此时用户可以设置多层板。

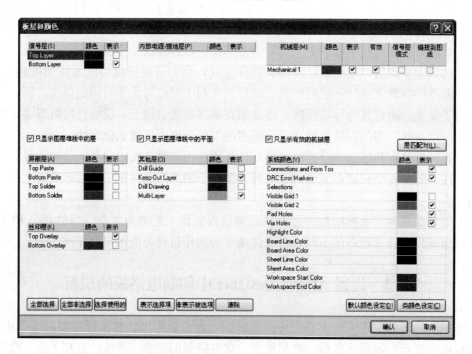

图6-4 Board Layers & Colors（板层和颜色）对话框

Altium Designer 包括32个信号层。信号层主要用于放置与信号有关的电气元素，如Top Layer 为顶层，用于放置元件面；Bottom Layer 为底层，用作焊锡面；Mid 层为中间工作层，用于布置信号线。

如果在图6-4中选中 Only show layers in layer stack（只显示图层堆栈中的层）复选框，则只显示层堆栈管理器中创建的信号层。

2. 内部平面层

如果用户绘制的是多层板，则用户可以执行 "Design" → "Layer Stack Manager" 命令设置内部平面层（Internal Plane）。如果用户设置内部平面层，则在 Board Layers & Colors 对话框的 Internal Plane（平面层）会显示如图6-4所示的层面，否则不会显示。其中

Internal Plane1 表示设置内部平面层第一层，Plane2、Plane3 依此类推。内部平面层主要用于布置电源线及接地线。

如果在图 6-4 中选中 Only show layers in layer stack 复选框，则只显示层堆栈管理器中创建的平面层。

3. 机械层

Altium Designer 有 16 个用途的机械层，用来定义板轮廓、放置厚度、制造说明或其他设计需要的机械说明。这些层在打印和底片文件产生时都是可选择的。在 Board Layers & Colors 对话框中可以添加、移除和命名机械层。制作 PCB 时，系统默认的信号层为两层，默认的机械层（Mechanical Layers）只有一层，不过用户可以在如图 6-4 所示的对话框中为 PCB 设置更多的机械层。

如果不勾选 Only show enabled mechanical layers（只显示有效的机械层）复选框，则会显示所有机械层，如果勾选该复选框，则只显示已激活的机械层，如图 6-4 所示。

4. 助焊膜及阻焊膜

Altium Designer 提供的助焊膜及阻焊膜（Solder Mask 和 Paste Mask）有：Top Solder 为设置顶层助焊膜、Bottom Solder 为设置底层助焊膜，Top Paste 为设置顶层阻焊膜、Bottom Paste 为设置底层阻焊膜。

5. 丝印层

丝印层（Silkscreen Layers）主要用于在印制电路板的上、下两表面上印刷所需的标志图案和文字代号等，主要包括顶层丝印层（Top Overlay）、底层丝印层（Bottom Overlay）两种。

6. 其他工作层

Altium Designer 除了提供以上的工作层以外，还提供以下的其他工作层（Others）。其他工作层共有 4 个复选框，各复选框的意义如下。

（1）Keep-Out Layer，用于设置是否禁止布线层，用于设定电气边界，此边界外不能布线。

（2）Multi-Layer，用于设置是否显示复合层，如果不选择此项，过孔就无法显示。

（3）Drill Guide，主要用于选择绘制钻孔导引层。

（4）Drill drawing，主要用于选择绘制钻孔冲压层。

6.3 元件封装概述

通常设计完印制电路板后，需将它拿到专门制作电路板的公司去制作。取回制好的电路板后，要将元件焊接上去。那么如何保证取用元件的引脚和印制电路板上的焊盘一致呢？这就需要元件封装来定义。

元件封装是指元件焊接到电路板时所显示的外观和焊盘位置。既然元件封装只是元件的外观和焊盘位置，那么纯粹的元件封装仅仅是空间的概念，因此，不同的元件可以共用同一个元件封装；另一方面，同种元件也可以有不同的封装，如 RES 代表电阻，它的封装形式可以是 AXIAL-0.4、C1608-0603、CR2012-0805 等，所以在取用焊接元件时，不仅要知道元件名称，还要知道元件的封装。元件的封装可以在设计原理图时指定，也可以在装入网络表时指定。

6.4 元件封装分类

元件的封装可以分成两大类，即针脚式元件封装和SMT（表面贴装技术）元件封装。针脚式封装元件焊接时先要将元件针脚插入焊盘通孔，然后再焊锡。由于针脚式元件封装的焊盘和过孔贯穿整个电路板，所以其焊盘的属性对话框中，PCB的层属性必须为Multi Layer（多层）。SMT元件封装的焊盘只限于表面层，在其焊盘的属性对话框中，Layer层属性必须为单一表面，如Top layer或者Bottom layer。

下面讲述最常见的两种封装，它们分别属于针脚式元件封装和SMT元件封装。

(1) DIP封装。双列直插封装，简称DIP（Dual In-line Package），属于针脚式元件封装，如图6-5所示。DIP封装的结构具有以下特点：适合于PCB的穿孔安装、易于对PCB布线、操作方便。

DIP封装结构形式有：多层陶瓷双列直插式DIP，单层陶瓷双列直插式DIP，引线框架式DIP（含玻璃陶瓷封接式、塑料包封结构式和陶瓷低熔玻璃封装式）。

(2) 芯片载体封装。属于SMT元件封装。芯片载体封装有陶瓷无引线芯片载体封装（Leadless Ceramic Chip Carrier，LCCC）（如图6-6所示）、塑料有引线芯片载体封装（Plastic Leaded Chip Carrier，PLCC）（见图6-7，与LCCC相似）、小尺寸封装SOP（Small Outline Package，SOP）（见图6-8）、塑料四边引出扁平封装（Plastic Quad Flat Package，PQFP）（见图6-9）和球栅阵列封装（Ball Grid Array，BGA）（见图6-10）。与PLCC或PQFP封装相比，BGA封装更加节省电路板的面积。

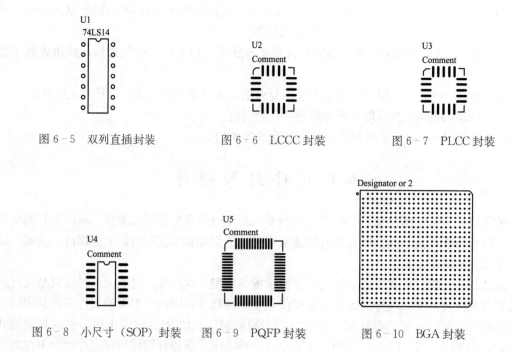

图6-5 双列直插封装　　图6-6 LCCC封装　　图6-7 PLCC封装

图6-8 小尺寸（SOP）封装　　图6-9 PQFP封装　　图6-10 BGA封装

6.5　常用直插式元件封装介绍

6.5.1　电阻

电阻器通常简称为电阻，它是一种应用十分广泛的电子元器件，其英文名字为"Resistor"，缩写为"Res"，如图 6 - 11 所示。

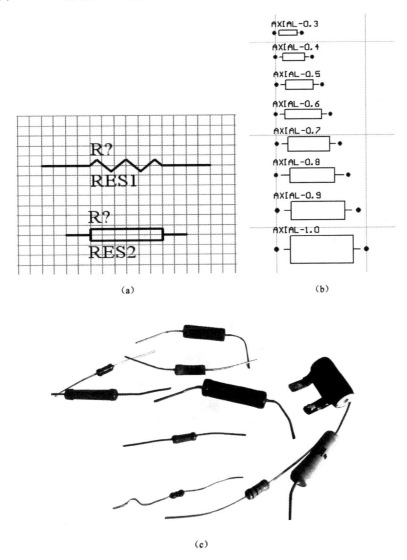

(a)　　　　　　　　　　(b)

(c)

图 6 - 11　电阻原理图元件符号，封装，实物图

(a) 常用的电阻原理图符号；(b) 常用的电阻封装；(c) 常用的固定电阻实物

如"AXIAL - 0.3"封装的具体意义为固定电阻封装的焊盘间的距离为 0.3 英寸（300mil），即 7.62mm。一般来讲，后缀数字越大，元器件的外形尺寸就越大，说明该电阻的额定功率就越大。

6.5.2 电容

下面主要按照无极性电容和有极性电容的区分来介绍常用的电容器。

无极性电容的原理图符号如图 6-12（a）所示，对应的封装形式为 RAD 系列，范围为 RAD-0.1～RAD-0.4，后缀数字代表焊盘间距，单位为英寸，如图 6-12（b）所示。比如"RAD-0.2"表示焊盘间距为 0.2 英寸（200mil）的无极性电容封装。常见的无极性电容主要有瓷片电容、独石电容和 CBB 电容，其元器件实物如图 6-12（c）、（d）、（e）所示。

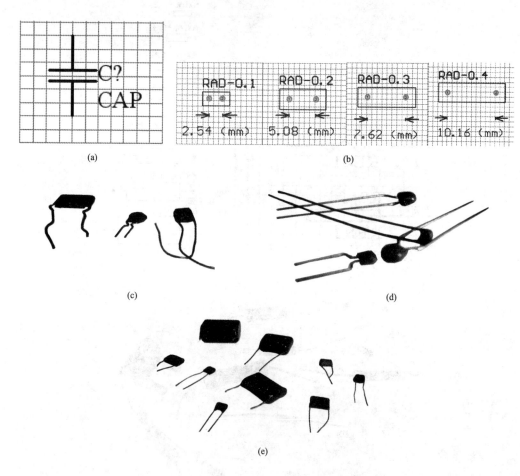

图 6-12 无极性电容原理图元件符号、封装、实物图

（a）无极性电容的原理图符号；（b）常用的元器件封装；（c）瓷片电容；（d）独石电容；（e）CBB 电容

常见的有极性电容为电解电容。

电解电容对应的封装形式为 RB 系列，范围为"RB-.2/.4"～"RB-.5/1.0"，前一个后缀数字表示焊盘间距，后一个后缀数字代表电容外形的直径，单位都为英寸。一般来讲，标准尺寸的电解电容的外形尺寸是焊盘间距的两倍。元器件实物如图 6-13 所示。

一般地，电容封装形式名称的后缀数值越大，相应的电容容量也越大。

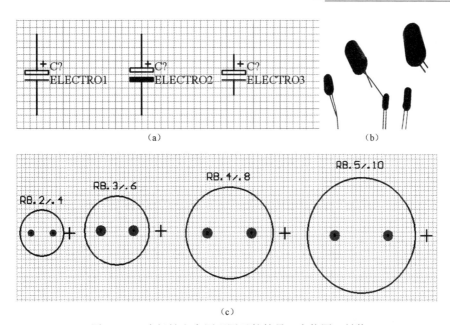

(a)

(b)

(c)

图 6 - 13 有极性电容原理图元件符号、实物图、封装

（a）电解电容的常用原理图符号；（b）电解电容的实物照；（c）电解电容常用的元器件封装

6.5.3 二极管

二极管的种类繁多，根据应用的场合不同可以分为普通二极管、发光二极管、稳压二极管、快恢复二极管以及二极管指示灯、由多个发光二极管构成的七段数码管等，如图 6 - 14 所示。

(a)

(b)

(c)

(d)

图 6 - 14 常见的二极管

（a）普通二极管（稳压二极管）；（b）发光二极管；（c）二极管指示灯；（d）七段数码管

原理图中二极管元器件的常用名称为"DIODE"（普通二极管）、"DIODE SCHOTT-KY"（肖特基二极管）、"DIODE TUNNEL"（隧道二极管）、"DIODE VARACTOR"（变容二极管）和"ZENER1～ZENER3"（稳压二极管）等，如图6‑15（a）所示。常见的二极管封装有"DIODE‑0.4"、"DIODE‑0.7"和"TO‑220"，其中"DIODE‑0.4"指的是普通二极管的焊盘间距为"0.4英寸"，即"10.16mm"，如图6‑15所示。

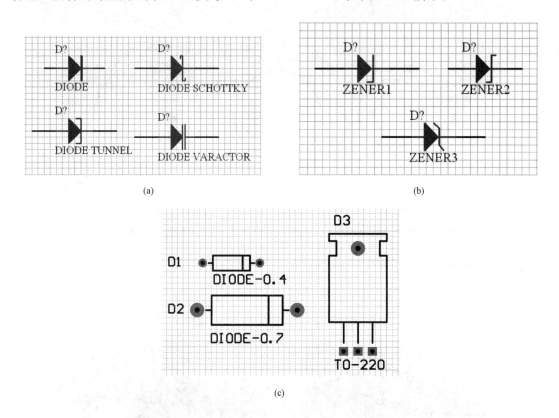

图6‑15　二极管的原理图符号和元器件封装

（a）二极管的原理图符号；（b）稳压二极管的原理图符号；（c）二极管的常用元器件封装

6.5.4　三极管

普通三极管可根据其构成的PN结的方向不同，分为NPN型和PNP型。这两种类型的晶体管外形完全相同，都包括3个引脚，即b（基极）、c（集电极）和e（发射极），但是其原理图符号却不一样，如图6‑16所示。三极管的原理图符号的常用名称有"NPN"、"NPN1"和"PNP"、"PNP1"等。

三极管的常用封装主要有TO‑18（普通三极管）、TO‑220（大功率三极管）、TO‑3（大功率达林顿管）和TO‑92A（普通三极管）等，如图6‑17所示。

三极管的实物如图6‑18所示。

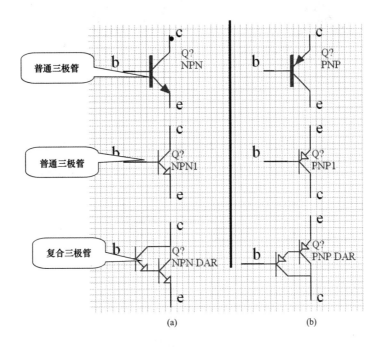

图 6 - 16 普通三极管的原理图符号

(a) NPN 型晶体管；(b) PNP 型晶体管

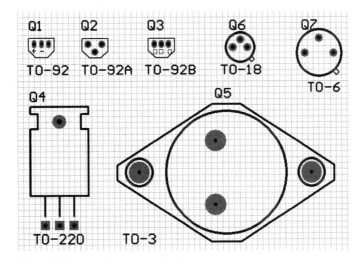

图 6 - 17 常用的三极管封装

6.5.5 电位器

电位器属于可变电阻，是一种连续可调的电阻器，它的电阻值在一定范围内是连续可调的，如图 6 - 19 所示。

131

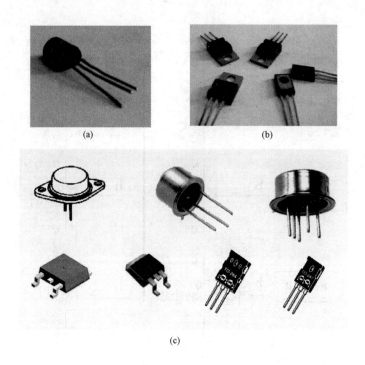

(a)　　　　　　(b)

(c)

图 6-18　常见三极管的实物照片

（a）普通三极管；（b）功率三极管（一）；（c）功率三极管（二）

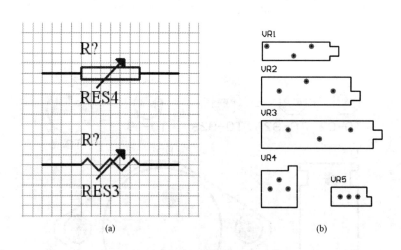

(a)　　　　　　(b)

图 6-19　可变电阻的原理图符号和元器件封装

（a）可变电阻的原理图符号；（b）常用的可变电阻的元器件封装

　　电位器的种类极多，常见的电位器主要有两种，即线绕电位器和碳膜电位器。

　　此外，还有将多个电阻集成在一个封装内，从而形成电阻桥，以及各种电阻排，如图6-20所示。

　　由于电阻的工作环境多种多样，并且所能实现的功能也比较多，因此它的电阻的种类和型号就比较多，设计者在具体选用的时候就需要按实际情况进行选型。

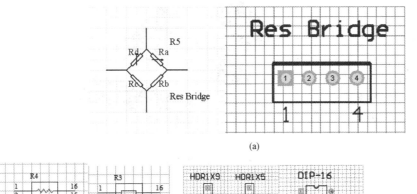

(a)

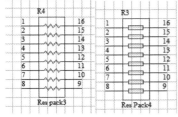
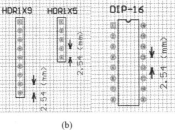

(b)

图 6-20　各种电阻排

（a）电阻桥的原理图符号及对应的元器件封装；（b）电组排的原理图符号、元器件封装和元器件实物

6.5.6　单列直插元件

单列直插元件是指用于不同电路板之间电信号连接的单列插座、单列集成块等元件。一般在原理图库元件中单列插座的常用名称为"HDR"系列，如图 6-21 所示为封装。

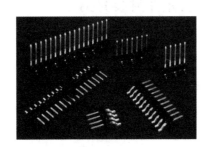
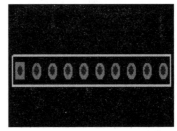

图 6-21　单列直插元件和封装

6.5.7　双列直插元件

用户在电路设计过程中，为了方便安装和调试，在初次设计电路板时往往将许多集成电路芯片的选型定为双列直插元器件（DIP）。如图 6-22 所示为常用的双列直插式集成电路芯片。

在电路板调试过程中，常常在电路板上焊接 IC 座，然后将集成电路芯片插在 IC 座上，这样可以方便集成电路芯片的拆卸。图 6-23 （a）所示为常用的 IC 座，其对应的元器件封装如图 6-23 （b）所示。

图 6-22　双列直插式集成电路芯片

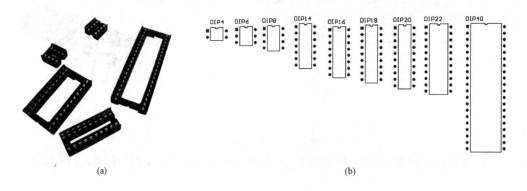

(a)　　　　　　　　　　　　　　　　　(b)

图 6-23　双列直插式常用 IC 座和封装
（a）常用的 IC 座；（b）双列直插式集成电路芯片的元器件封装

6.6　常用表面贴装元件封装介绍

6.6.1　表面贴装元件介绍

表面贴装元件在大约 20 前推出，并就此开创了一个新纪元。从无源元件到有源元件和集成电路，最终都变成了表面贴装器件（SMD）并可通过拾放设备进行装配。在很长一段时间内人们都认为所有的引脚元件最终都可采用 SMD 封装。

表面贴装元件体积小，没有管脚或管脚非常细小精密，可以大量地节省电路板面积，但因为没有管脚或管脚太细小，它们不能再采用传统的穿插式元件波峰焊接工艺，而必须采用先进的表面贴装回流焊接技术，其组装焊接必须经过"刮锡膏→贴片→回流焊"三个过程。

6.6.2　贴片二极管封装

常用贴片二极管和封装如图 6-24 所示。其中较尖的一头为二极管的负极。

6.6.3　贴片三极管、场效应管，三端稳压器等的封装

如图 6-25 所示，一般贴片三极管、场效应管、三端稳压器等元件外形非常相似，只要大小尺寸基本相同，管脚极性相配，就可以使用相同的封装。

图 6-24　贴片二极管和封装

 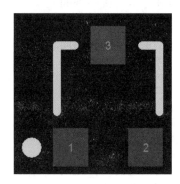

图 6-25　贴片三极管和封装

6.6.4　小尺寸封装

小尺寸封装（Small Outline Package，SOP）的元件外形和封装如图 6-26 所示，元件的两面有对称的管脚，管脚向外张开（一般称为鸥翼型管脚）。

图 6-26　SOP 封装的元件外形和封装图

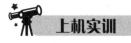

上机实训

定制 51 单片机实验板常用元件的封装。

第 7 章

创 建 PCB 元 件 封 装

在前面介绍元件封装时,都是使用 Altium Designer 系统自带的元件封装。但是对于经常使用而元件封装库里又找不到的元件封装,或者系统元件库没有的其他封装,就需要使用元件封装编辑器来制作一个新的元件封装。在本章中,主要介绍使用 PCBLIB 制作元件封装的两种方法,即手工方法和利用向导(Wizard)方法。

7.1 元件封装编辑器

7.1.1 启动元件封装编辑器

在制作元件封装之前,首先需要启动元件封装编辑器。Altium Designer 的元件封装库编辑服务器的启动步骤如下。

(1)如图 7-1 所示,执行菜单命令"文件"→"新建"→"库"→"PCB 元件库",就可以启动元件封装编辑器,如图 7-2 所示。

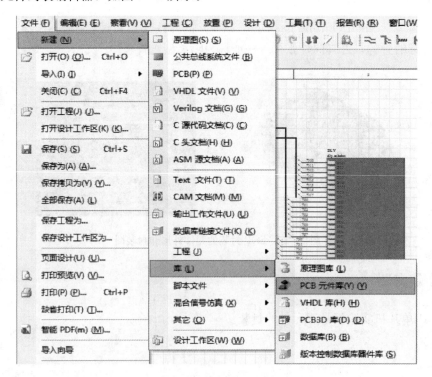

图 7-1 打开元件封装编辑器

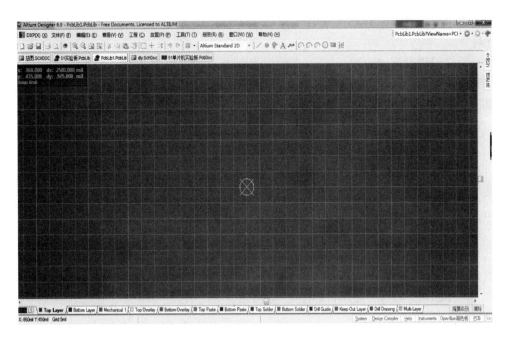

图 7 - 2　元件封装编辑器界面

（2）将元件封装库保存起来，元件封装库文件的后缀名为 .PcbLib，系统默认的文件名为 PcbLib1.PcbLib，保存时可以换名保存。然后就可以进行元件封装的编辑制作。

也可以直接在项目中创建一个新的元件封装库，只要选择项目文件，从右键快捷菜单中执行"给工程添加新的"→"PCB Library"命令，系统就会为所选择的项目创建一个新的元件封装库，如图 7 - 3 所示。

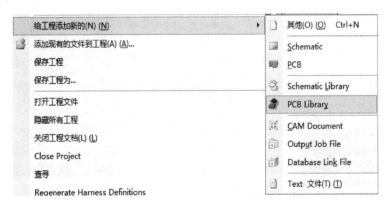

图 7 - 3　添加 PCB 元件库

7.1.2　元件封装编辑器介绍

PCB 元件封装编辑器的界面和 PCB 编辑器比较类似。下面简单地介绍一下 PCB 元件封装编辑器的组成及其界面的管理，使用户对元件封装编辑器有一个简单的了解。

如图 7 - 2 所示是 PCB 元件封装编辑器的编辑界面，从图中可以看出，整个编辑器可分为以下几个部分。

（1）主菜单。PCB元件的主菜单主要是给设计人员提供编辑绘图命令，以便于创建一个新元件。

（2）元件编辑界面（Components Editor Panel）。元件编辑界面主要用于创建一个新元件，将元件放置到PCB工作平面上，用于更新PCB元件库、添加或删除元件库中的元件等各项操作。

（3）PCB Lib标准工具栏。PCB Lib标准工具栏为用户提供了各种图标操作方式，可以让用户方便、快捷地执行命令和各项功能，如打印、存盘等。

（4）PCB Lib放置工具栏（PCB Lib Placement Tools）。PCB元件封装编辑器提供的绘图工具，同以往所接触到的绘图工具是一样的，它的作用类似于菜单命令"Place"，即在工作平面上放置各种图元，如焊盘、线段、圆弧等。

（5）元件封装管理器。元件封装库管理器主要用于对元件封装库进行管理。单击项目管理器下面的PCB Library标签，则可以进入元件封装管理器，如图7-4所示为元件封装管理器。如果没有显示PCB Library标签，则可以选择"察看"→"工作区面板"→"PCB"→"PCB Library"显示，如图7-5所示。

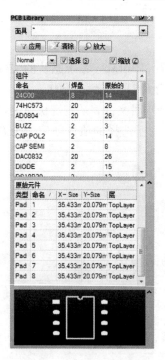

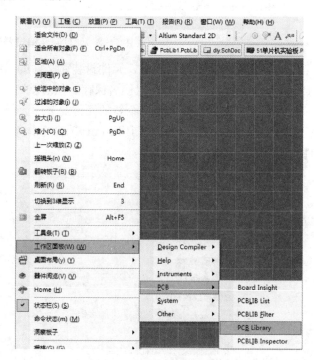

图7-4　元件封装管理器　　　　　图7-5　打开封装管理器

（6）状态栏与命令行。在屏幕最下方为状态栏和命令行，它们用于提示用户当前系统所处的状态和正在执行的命令。

同前面章节所述一样，PCB元件封装编辑器也提供了相同的界面管理，包括界面的放大、缩小，各种管理器、工具栏的打开与关闭。界面的放大、缩小处理可以通过"察看"菜单进行，如选择菜单命令"察看"→"放大"→"缩小"等，用户也可以通过选择主工具栏上的"放大"和"缩小"按钮，来实现画面的放大与缩小。

7.2 创建新的元件封装

下面讲述如何创建一个新的 PCB 元件封装。假设要建立一个新的元件封装库作为用户自己的专用库，元件库的文件名为 51 实验板 .PcbLib，并将要创建的新元件封装放置到该元件库中。

下面以如图 7 - 6 所示的实例来介绍如何手工创建元件封装。手工创建元件封装实际上就是利用 Altium Designer 提供的绘图工具，按照实际的尺寸绘制出该元件封装。

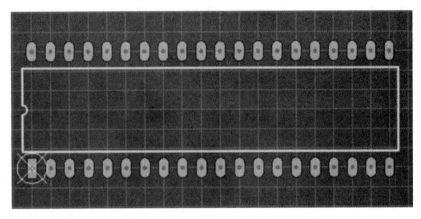

图 7 - 6　手工创建 STC89C51 元件封装实例

一般，手工创建新的元件封装需要首先设置封装参数，然后再放置图形对象，最后设定插入参考点。下面分别结合实例进行讲解。

7.2.1 元件封装参数设置

当新建一个 PCB 元件封装库文件前，一般需要先设置一些基本参数，例如度量单位、过孔的内孔层、设置鼠标移动的最小间距等，但是创建元件封装不需要设置布局区域，因为系统会自动开辟一个区域供用户使用。

1. 板面参数设置

设置板面参数的操作步骤如下。

（1）执行"工具"→"器件库选项"命令，系统将弹出如图 7 - 7 所示的板面选项设置对话框。

（2）在该对话框中可以设置元件封装的板面参数。具体设置对象如下。

1）度量单位。用于设置系统度量单位，系统提供了两种度量单位，即 Imperial（英制）和 Metric（公制），系统默认为英制。

2）栅格的设置。包括跳转栅格

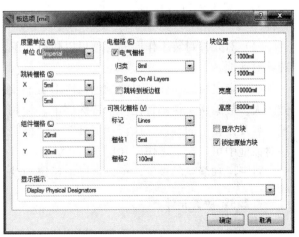

图 7 - 7　板面选项设置对话框

（Snap Grid）的设置和可视化栅格（Visible Grid）的设置。跳转栅格主要用于控制工作空间中的对象移动时的栅格间距，是不可见的。光标移动的间距由在跳转栅格编辑框输入的尺寸确定，用户可以分别设置 X、Y 向的栅格间距。

如果已经在设计 PCB 的工作界面中，可以使用 Ctrl＋G 快捷键打开设置转跳栅格的对话框。

3）组件栅格（Component Grid）。用来设置元件移动的间距。

X：用于设置 X 向移动间距。

Y：用于设置 Y 向移动间距。

4）电栅格（Electrical Grid）。主要用于设置电气栅格的属性。它的含义与原理图中的电气栅格相同，选中"电气栅格"复选框表示具有自动捕捉焊盘的功能。Range（范围）用于设置捕捉半径。在布置导线时，系统会以当前光标为中心，以 Range 设置值为半径捕捉焊盘，一旦捕捉到焊盘，光标会自动跳到该焊盘上。

5）可视化栅格（Visible Grid）。用于设置可视化栅格的类型和栅距。系统提供了两种栅格类型，即 Lines（线状）和 Dots（点状），可以在 Makers 列表中选择。

可视化栅格可以用作放置和移动对象的可视参考。一般设计者可以分别设置栅距为细栅距和粗栅距。如图 7 - 7 所示的栅格 1 设置为 5mil，栅格 2 设置为 100mil。可视化栅格的显示受当前图纸的缩放限制，如果不能看见一个活动的可视化栅格，可能是因为缩放太大或太小。

6）块位置（Sheet Position）。该操作选项用于设置图纸的大小和位置。X/Y 编辑框设置图纸左下角的位置，宽度编辑框设置图纸的宽度，高度编辑框设置图纸的高度。

如果选中"显示方块"复选框，则显示图纸，否则只显示 PCB 元件部分。

如果选中"锁定原始方块"，则可以链接具有模板元素（如标题块）的机械层到该图纸。

2. 系统参数设置

首先执行"工具"→"优先选项"命令，系统将弹出参数选择设置对话框。

7.2.2　层的管理

制作 PCB 元件时，同样需要进行层的设置和管理，其操作与 PCB 编辑管理器的层操作一样。

（1）对元件封装工作层的管理可以执行"工具"→"层叠管理"命令，系统将弹出层管理器对话框。

（2）定义板层和设置层的颜色。PCB 元件封装编辑器也是一个多层环境，设计人员所做的大多数编辑工作都将在一个特殊层上。使用板层和颜色对话框可以显示、添加、删除、重命名及设置层的颜色。执行"工具"→"板层和颜色"命令可以打开视图配置对话框，在该对话框中可以定义工作层和层的颜色。

对于层和颜色的设置，可以直接取系统的默认设置。

7.2.3　放置元件

下面通过实例来讲述创建元件封装的具体过程。手工创建的一般步骤如下。

（1）执行"工具"→"新的空元件"命令，就可以创建一个新的元件封装，也可以先进

入元件封装管理器，单击项目管理器下面的 PCB Library 选项，则可以进入元件封装管理
器，如图 7 - 4 所示。然后在元件列表处右击，从快捷菜
单中执行"新建块元件"命令，也可以创建一个新的元件
封装。

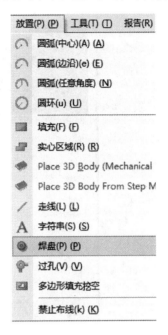

　　（2）执行"编辑"→"转跳"→"新位置"命令，系
统将弹出如图 7 - 8 所示的对话框，在 X/Y - Location 编
辑框中输入坐标值，图 7 - 8 将当前的坐标点移到原点，
输入的坐标点为（0，0）。在编辑元件封装时，需要将基
准点设定在原点位置。

　　（3）执行"放置"→"焊盘"命令，如图 7 - 9 所示。
也可以单击绘图工具栏中相应的按钮。

图 7 - 8　位置设置对话框

图 7 - 9　放置焊盘

　　（4）执行该命令后，光标变成十字状，中间带有一个焊盘，如图 7 - 10 所示。随着光标
的移动，焊盘跟着移动，移动到合适的位置后，单击将其定位。

　　在放置焊盘时，先按 Tab 键进入焊盘属性对话
框，设置焊盘的属性。本实例焊盘的属性设置如图 7 -
11 所示。矩形焊盘和圆形焊盘可以在 Shape（外形）
下拉列表中选定。其他参数选项取默认值。

　　在 PCB 的元件封装设计时，最重要的就是焊盘，
因为将来使用该元件封装时，焊盘是其主要电气连
接点。

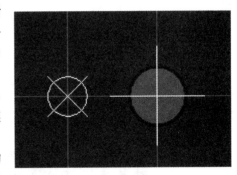

　　（5）按照同样的方法，再根据元件引脚之间的
实际间距将其水平距离设定为 600mil，垂直距离为
100mil，1 号焊盘放置于（0，0）点，并相应放置其

图 7 - 10　在图纸上放置焊盘

他焊盘。注意：1 号焊盘形状为矩形，其他焊盘的形状为圆形。

　　（6）根据实际需要，设置焊盘的实际参数。假设将焊盘的直径设置为 60mil，焊盘的孔径
设置为 35mil。如果用户想编辑焊盘，则可以将光标移动到焊盘上，双击即会弹出如图 7 - 11 所
示的对话框，通过修改其中的选项设置焊盘的参数。注意：焊盘所在的层一般取 Multi - Layer。

　　（7）将工作层面切换到顶层丝印层，即 TopOverlay 层，只需在 TopOverlay 标签上选
择即可。

　　（8）执行"放置"→"走线"命令，光标变成十字状，将光标移动到适当的位置后，单
击确定元件封装外形轮廓线的起点，随后绘制元件的外形轮廓，如图 7 - 12 所示。这些线条
的精确坐标可以在绘制了线条后再设置。

图 7‑11　焊盘属性设置

（9）执行菜单命令"放置"→"圆弧"，在外形轮廓线上绘制圆弧。执行命令后，光标变成十字状，将光标移动到合适的位置后，先单击确定圆弧的中心，然后移动鼠标，单击确定圆弧的半径，最后确定圆弧的起点和终点。这段圆弧的精确坐标和尺寸可以在绘制了圆弧后再设置，绘制完的图形如图 7‑12 所示。

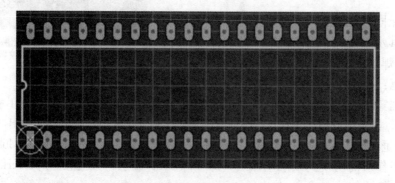

图 7‑12　绘制元件的外形轮廓

（10）绘制完成后，执行"工具"→"元件属性"命令，或者进入元件封装管理器，双击当前编辑的元件名，系统会弹出如图 7‑13 所示的对话框，在该对话框中可以重新命名前面制

作的元件封装，高度一般设置为 0mil，
有必要时可以添加一些元件封装的相关
描述。输入元件封装的名称后，可以看
到元件封装管理器中的元件名称也相应
改变了。

（11）重命名以及保存文件后，该
元件封装就创建成功，以后调用时可以
作为一个块。

图 7 - 13　设定元件封装的属性

7.2.4　设置元件封装的参考点

为了标记一个 PCB 元件用作元件封装，需要设定元件的参考坐标，通常设定 Pin1（即
元件的引脚 1）为参考坐标。

设置元件封装的参考点可以执行"编辑"→"设置参考"子菜单中的相关命令，如图
7 - 14 所示。其中有"1 脚"、"中心"和"定位"三条命令。如果执行"1 脚"命令，则设
置引脚 1 为元件的参考点；如果执行的是"中心"，则表示将元件的几何中心作为元件的参
考点；如果执行的是"定位"，则表示由用户选择一个位置作为元件的参考点。

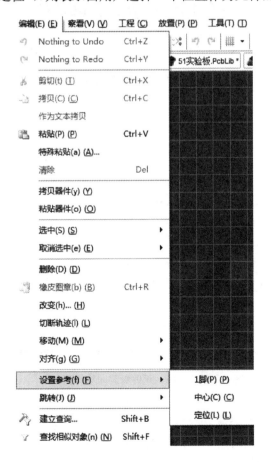

图 7 - 14　设置参考

7.3 使用向导创建元件封装

Altium Designer 提供的元件封装向导是电子设计领域里的新概念，它允许用户预先定义设计规则，在这些设计规则定义结束后，元件封装编辑器会自动生成相应的新元件封装。

下面以图 7 - 15 所示的实例来介绍利用向导创建元件封装的基本步骤。

（1）启动并进入元件封装编辑器。

（2）执行"工具"→"元器件向导"命令。

（3）执行该命令后，系统会弹出如图 7 - 16 所示的界面，这样就进入了元件封装创建向导，接下来可以选择封装形式，并可以定义设计规则。

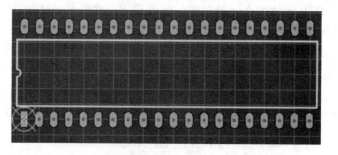

图 7 - 15 利用向导创建 STC89C51 元件封装的实例

图 7 - 16 元件封装向导界面

（4）单击图 7 - 16 中的下一步按钮，系统将弹出如图 7 - 17 所示的对话框。

用户在该对话框中，可以设置元件的外形。Altium Designer 提供了 12 种元件封装的外形供用户选择，其中包括"Ball Grid Arrays（BGA）"（球栅阵列封装）、"Capacitors"（电容封装）、"Diodes"（二极管封装）、"Dual in - line Packages（DIP）"（DIP 双列直插封装）、"Edge

Connectors"（边连接样式）、"Leadless Chip Carriers（LCC）"（无引线芯片载体封装）、"Pin Grid Arrays（PGA）"（引脚网格阵列封装）、"Quad Packs（QUAD）"（四边引出扁平封装 PQFP）、"Resistors"（电阻样式）、"Small Outline Packages（SDP）"（小尺寸封装 SOP）等。

图 7 - 17　选择元件封装外形

　　根据本实例要求，选择 DIP 双列直插封装外形。另外在对话框的下面还可以选择元件封装的度量单位，有 Metric（公制）和 Imperial（英制）。

　　（5）单击图 7 - 17 中的下一步按钮，系统将会弹出如图 7 - 18 所示的对话框。用户在该对话框中，可以设置焊盘的有关尺寸。用户只需在需要修改的位置单击，然后输入尺寸即可，设置焊盘尺寸如图 7 - 18 所示。

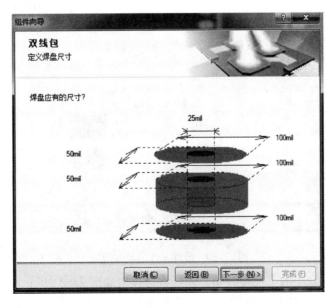

图 7 - 18　设置焊盘尺寸

(6) 单击图 7-18 中的下一步按钮，系统将会弹出如图 7-19 所示的对话框。用户在该对话框中，可以设置引脚的水平间距、垂直间距和尺寸。设置方法同上一步，设置焊盘尺寸如图 7-19 所示。

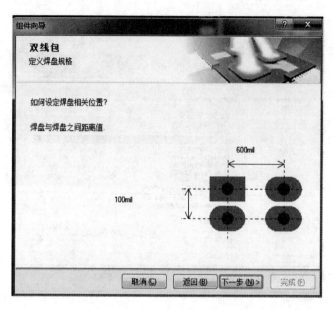

图 7-19　设置引脚的间距和尺寸

(7) 单击图 7-19 中的下一步按钮，系统将会弹出如图 7-20 所示的对话框。用户在该对话框中，可以设置元件的轮廓线宽。设置方法同上一步。

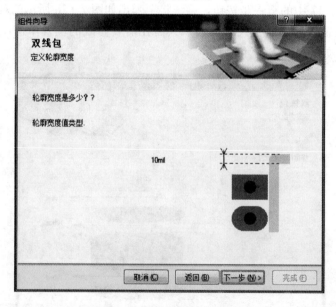

图 7-20　设置元件的轮廓线宽

(8) 单击图 7-20 中的下一步按钮，系统将会弹出如图 7-21 所示的对话框。用户在该对话框中，可以设置元件引脚数量。用户只需在对话框中的指定位置输入元件引脚数量即可。

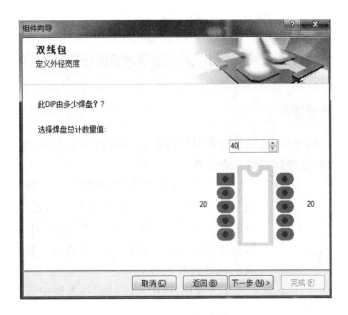

图 7 - 21　设置元件引脚数量

（9）单击图 7 - 21 中的下一步按钮，系统将会弹出如图 7 - 22 所示的设置元件封装名称对话框。在该对话框中，用户可以设置元件封装的名称，在此设置为 STC89C51。

（10）此时再单击下一步按钮，系统将会弹出完成对话框，单击完成按钮，即可完成对新元件封装设计规则的定义，同时按设计规则生成了新的元件封装。完成后的元件封装如图 7 - 15 所示。

使用向导创建元件封装结束后，系统将会自动打开新生成的元件封装，以供用户进一步修改，其操作与设计 PCB 图的过程类似。

图 7 - 22　设置元件封装名称

7.4 元件封装管理

当创建了新的元件封装后,可以使用元件封装管理器进行管理,具体包括元件封装的浏览、添加、删除等操作,下面进行具体讲解。

7.4.1 浏览元件封装

当用户创建元件封装时,可以单击项目管理器下面的 PCB Library 选项,进入元件管理器,如图 7-23 所示为元件封装浏览管理器。

图 7-23 元件封装浏览管理器

（1）在 PCB 浏览管理器中,元件过滤框（Mask 框）用于过滤当前 PCB 元件封装库中的元件,满足过滤框中条件的所有元件将会显示在元件列表框中。例如,在 Mask 编辑框中输入 D＊,则在元件列表框中将会显示所有以 D 开头的元件封装。

（2）当用户在元件封装列表框中选中一个元件封装时,该元件封装的焊盘等图元将会显示在 Component Primitives（元件图元）列表框中,如图 7-23 所示。

（3）单击"Magnify"（放大）按钮可以局部放大元件封装的细节。

（4）双击元件名,可以对元件封装进行重命名等属性设置。

（5）在元件图元列表框中,双击图元可以对图元进行属性设置。

另外用户也可以执行"工具"→"下一个器件"、"工具"→"前一个器件"、"工具"→"第一个器件"或"工具"→"最后一个器件"命令,选择元件列表框中的元件。

7.4.2 添加元件封装

当新建一个 PCB 元件封装文档时,系统会自动建立一个名为 PCBComponent_1 的空封装。添加新元件封装的操作步骤如下。

（1）执行"工具"→"元器件向导"命令,系统将打开制作元件封装向导对话框。也可以在元件封装管理器的元件列表处右击,从快捷菜单中选择"新建块元件"命令,创建一个新的元件封装。

（2）此时如果单击下一步按钮,将会按照向导创建新元件封装,如果单击关闭按钮,系统将会生成一个 PCBComponent_1 空文件。

（3）用户可以对该元件封装进行重命名,并可进行绘图操作,生成一个元件封装。

7.4.3 重命名元件封装

当创建了一个元件封装后，用户还可以对该元件封装进行重命名，具体操作如下。

（1）在元件封装管理器的元件列表处选中一个元件封装，然后双击，系统将会弹出如图 7－24 所示的元件封装属性对话框。

（2）在对话框中可以输入元件封装的新名称，然后单击确定按钮完成重命名操作。

7.4.4 删除元件封装

如果用户想从元件库中删除一个元件封装，可以先选中需要删除的元件封装，然后右击，从快捷菜单中选择"清除"命令，或者直接执行"工具"→"移除器件"命令，系统将会弹出如图 7－25 所示的确认提示框，如果用户单击"Yes"按钮将会执行删除操作，如果单击"No"按钮则取消删除操作。

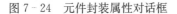

图 7－24　元件封装属性对话框　　　　　　图 7－25　确认对话框

7.4.5 放置元件封装

通过元件封装浏览管理器，还可以进行放置元件封装的操作。如果用户想通过元件封装浏览管理器放置元件封装，可以先选中需要放置的元件封装，然后右击，从快捷菜单中选择"放置"命令，或者直接执行"工具"→"放置器件"命令，系统将会切换到当前打开的 PCB 设计管理器，用户可以将该元件封装放置在合适位置。

7.4.6 编辑元件封装引脚焊盘

可以使用元件封装浏览管理器编辑封装引脚焊盘的属性，具体操作过程如下。

（1）在元件列表框中选中元件封装，然后在图元列表框中选中需要编辑的焊盘。

（2）双击所选中的对象，系统将弹出焊盘属性对话框，如图 7－11 所示。在该对话框中可以实现焊盘属性的修改，也可以直接双击封装上的焊盘进入焊盘属性对话框。

7.5　创建项目元件封装库

项目元件封装库是按照本项目电路图上的元件生成的一个元件封装库。项目元件封装库实际上就是把整个项目中所用到的元件整理，并存入一个元件库文件中。

下面以 51 单片机实验板为例，讲述一下创建项目元件库的步骤。

（1）打开项目文件"51 单片机实验板 . PrjPCB"，然后再打开"51 单片机实验板 . PcbDoc"

电路板文件。

（2）执行"文件"→"新建"→"库"→"PCB 元件库"菜单命令。执行该命令后程序会自动切换到元件封装库编辑器，生成相应的项目文件库 51 单片机实验板 .PcbLib。在图 7-26 所示的元件封装管理器所列出的元件封装库中，包括 2C400、PL2303、74HC573、DAC0832 和 STC89C51 等。

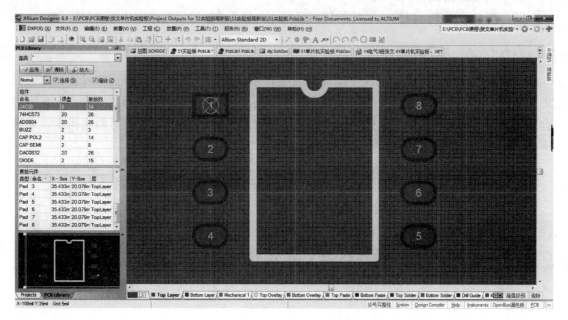

图 7-26　生成新的元件封装库

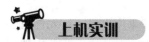

制作如图所示的开关变压器的引脚封装，焊盘间距尺寸如图所示，其中焊盘参数如下。
X-Size＝2.5mm，Y-Size＝1.2mm，Hole Size＝0.9mm。

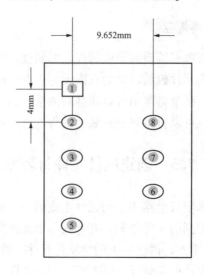

第 8 章

单片机实验板 PCB 板设计

本章将进行 51 单片机实验板的 PCB 设计。

8.1 确 定 元 件 封 装

8.1.1 绘制原理图

单片机实验板的原理图如图 8-1~图 8-3 所示，具体的绘制过程请参考第 5 章内容。

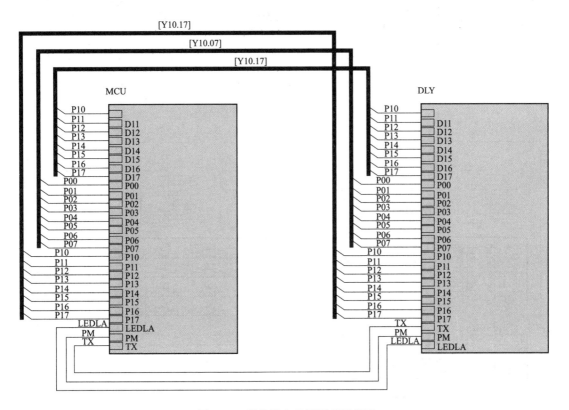

图 8-1 单片机实验板原理图总图

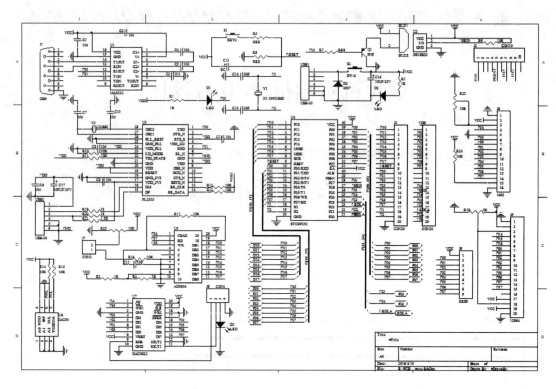

图 8‑2 单片机实验板原理图子图

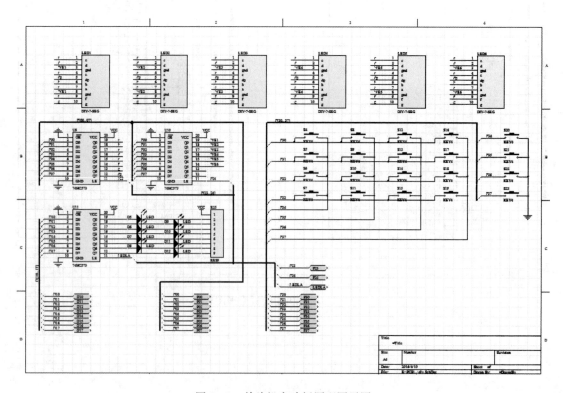

图 8‑3 单片机实验板原理图子图

8.1.2 确定合适的元件封装

确定元件封装虽然是在原理图绘制过程中完成，但对于 PCB 板的制作至关重要。PCB 板中载入的 PCB 元件就是根据原理图中确定的管脚封装，从封装库中调出而形成的，因此原理图元件的连接关系和 PCB 的管脚封装、PCB 板铜箔走线是一一对应的，只是二者的表达方式和侧重点不同而已。

另外，在确定元件管脚封装时，不能采取死记硬背的方法。如部分初学者，特别是临时参加考证的学生，死记硬背元件封装，遇到电阻，不管体积和功率大小都盲目地采用 "AX-IAL-0.4"，这样势必导致制作的 PCB 板无法满足实际元件的装配需要。因此在确定管脚封装前，应对电路中的元件有充足的了解，必要时采用卡尺进行实际测量，可结合第 6 章中介绍的常用元件管脚封装，合理选择。

对于单片机实验板中各元件的管脚封装，我们综合考虑如下。

24C00C 采用贴片式元件封装，焊盘个数为 8 个，焊盘水平间距为 244mil，垂直间距为 50mil，如图 8-4 所示。

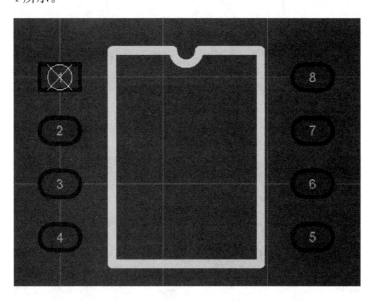

图 8-4 24C00C 贴片式元件封装

74HC573 采用贴片式元件封装，焊盘个数为 20 个，焊盘水平间距为 393mil，垂直间距为 50mil，如图 8-5 所示。

ADC0804 采用贴片式元件封装，焊盘个数为 20 个，焊盘水平间距为 420mil，垂直间距为 50mil，如图 8-6 所示。

DAC0832 采用贴片式元件封装，焊盘个数为 20 个，焊盘水平间距为 420mil，垂直间距为 50mil，如图 8-7 所示。

DS18B20 采用直插式元件封装，焊盘个数为 3 个，焊盘水平间距为 100mil，如图 8-8 所示。

电阻、电容都将采用贴片式元件封装，焊盘个数为 2 个，焊盘水平间距为 90mil，如图 8-9 所示。

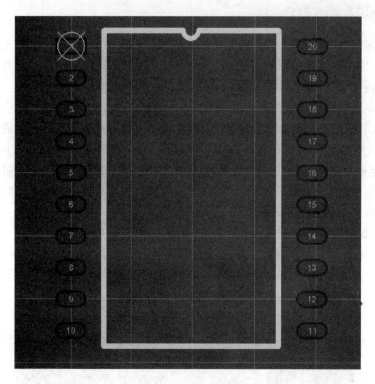

图 8-5   74HC573 贴片式元件封装

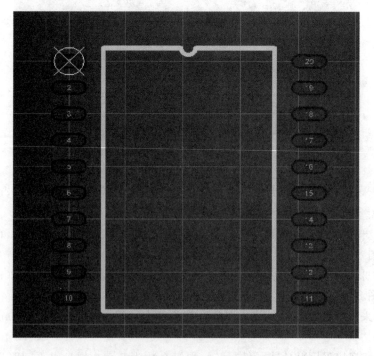

图 8-6   ADC0804 贴片式元件封装

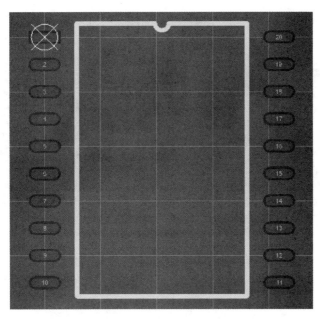

图 8 - 7　DAC0832 贴片式元件封装

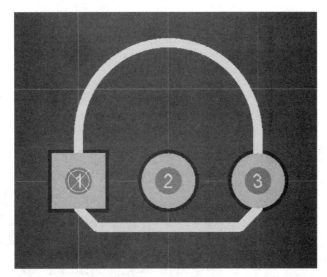

图 8 - 8　DS18B20 直插式元件封装

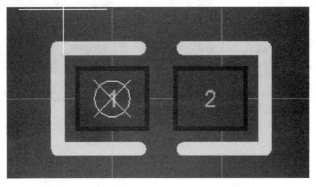

图 8 - 9　电阻、电容贴片式元件封装

发光二极管将采用贴片式元件封装,焊盘个数为 2 个,焊盘水平间距为 130mil,如图 8-10 所示。

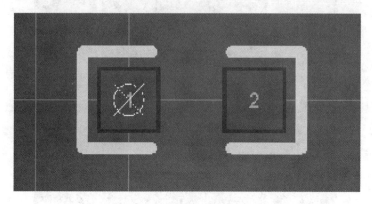

图 8-10　发光二极管贴片式元件封装

MAX232 将采用直插式元件封装,焊盘个数为 16 个,焊盘水平间距为 300mil,垂直间距为 100mil,如图 8-11 所示。

PL2303 将采用贴片式元件封装,焊盘个数为 28 个,焊盘水平间距为 322mil,垂直间距为 25.5mil,如图 8-12 所示。

七段数码管将采用直插式元件封装,焊盘个数为 10 个,焊盘水平间距为 100mil,垂直间距为 600mil,如图 8-13 所示。

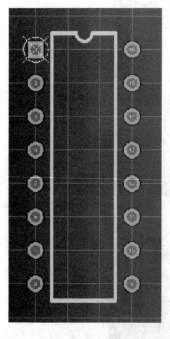

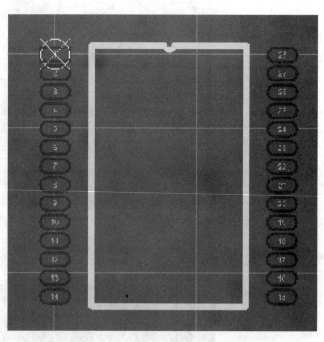

图 8-11　MAX232 直插式元件封装　　　　图 8-12　PL2303 贴片式元件封装

按键将采用四角按键直插式元件封装,焊盘个数为 4 个,焊盘水平间距为 250mil,垂直间距为 175mil,如图 8-14 所示。

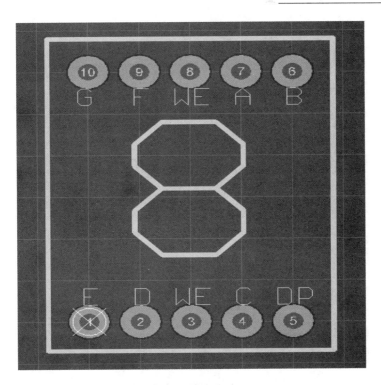

图 8-13 七段数码管直插式元件封装

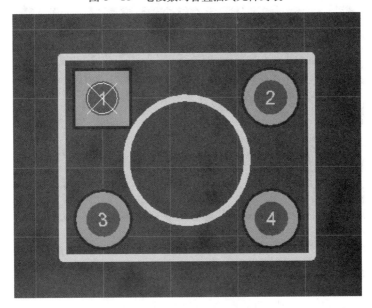

图 8-14 四角按键直插式元件封装

USB 插座将采用直插式元件封装，焊盘个数为 6 个，5 号焊盘和 6 号焊盘水平间距为 550mil，1 号焊盘和 2 号焊盘水平间距为 100mil，1 号焊盘和 6 号焊盘水平间距为 130mil，1 号焊盘和 6 号焊盘垂直间距为 120mil，如图 8-15 所示。

晶振将采用直插式元件封装，焊盘个数为 2 个，焊盘水平间距为 200mil，如图 8-16 所示。

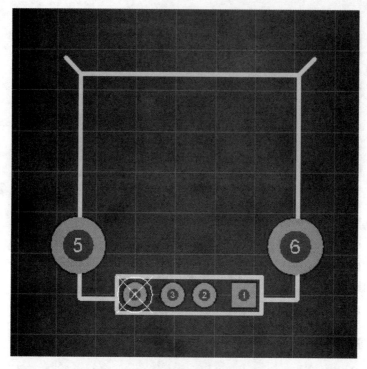

图 8‐15　USB插座直插式元件封装

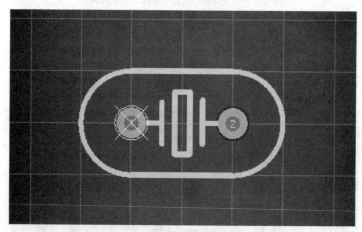

图 8‐16　晶振直插式元件封装

8.1.3　更改元件引脚封装

下面以 MAX232 为例，说明如何更改元件引脚封装。

1. 打开元件属性对话框

打开原理图文件，双击 MAX232 元件，打开 MAX232 元件属性对话框，如图 8‐17 所示，选中图中的 "Models for U1‐Component1" 模型栏中的 "Footprint" 封装模型，然后单击 "添加" 按钮。

2. 选择添加新模型类型

单击 "添加" 按钮，弹出如图 8‐18 所示的添加新模型类型选择对话框，在 "模型类

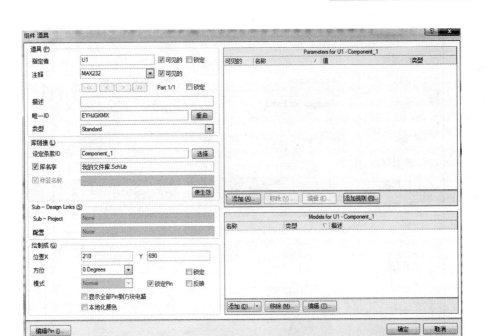

图 8 - 17　更改 MAX232 元件封装

型"下拉列表框中选择"Footprint",表示需要添加新封装模型。单击"确定"按钮。

图 8 - 18　添加新封装模型对话框

3. 浏览封装库

单击"确定"按钮,弹出如图 8 - 19 所示添加封装对话框,单击"浏览"按钮,弹出封装库浏览对话框,如图 8 - 20 所示,在"库"下拉列表中选择"单片机实验板 . IntLib",浏览并选择 MAX232 的封装。

4. 选定新封装

通过浏览,确定 MAX232 的封装,单击"确定"按钮,回到如图 8 - 19 所示的添加新封装对话框,可以看到对话框中已经添加了新的封装"MAX232"。

5. 返回设置属性对话框

在图 8 - 20 所示的添加封装对话框中。单击"确定"按钮,回到如图 8 - 19 所示的属性设置对话框,可以看到 MAX232 的封装已经更改为"MAX232",可以单击"OK"按钮完成设置。如图 8 - 21 所示。

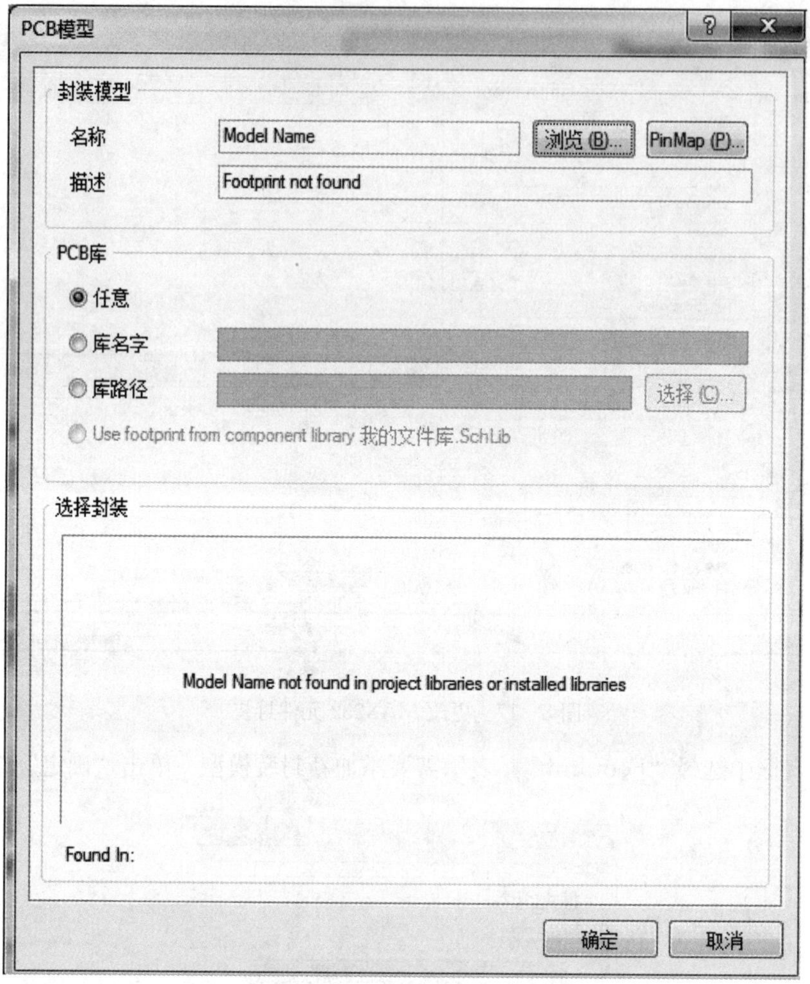

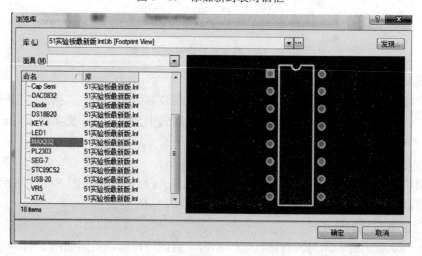

图 8－19　添加新封装对话框

图 8－20　封装库浏览对话框

图 8-21 MAX232 封装已经更改

8.2 产生并检查网络表

执行"设计"→"工程的网络表"→"Protel"菜单命令,如图 8-22 所示,将生成网络表(在本项目中网络表内容太多,下面就不展示)"51 单片机实验板.NET"。

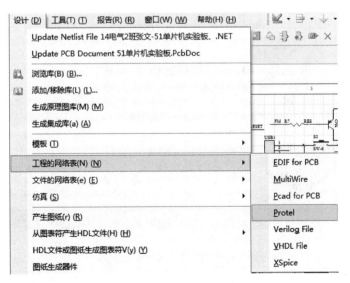

图 8-22 创建网络表菜单

需要注意的是，在 Altium Designer 中创建的网络表并不会自行打开，而是位于工程栏中，如果设计者要查看，必须自己打开该文件。

8.3 规划电路板并新建 PCB 文件

规划电路板必须根据元件的多少、大小，以及电路板的外壳限制等因素确定。除用户特

图 8-23 选择 PCB 板向导

殊要求外，电路板尺寸应尽量满足电路板外形尺寸国家标准 GB 9316—88 的规定，本列电路板元件比较多，为了讲解演示方便，采用比较大的电路板尺寸：200mm（宽）×100mm（高）。

确定电路板的尺寸大小后，就可以新建 PCB 文件，并规划电路板了。规划电路板有两种方法：一种是采用 PCB 板向导规划，此方法快捷、易于操作，是一种较为常用的方法；另一种为新建 PCB 文件后，在机械层手工绘制电路板边框，在禁止布线层手工绘制布线区，标注尺寸。此方法比较复杂，但灵活性较大，可以绘制较为特殊的电路板。此次"51 单片机实验板"采用较为简单的第一种方法，操作步骤如下。

（1）单击"Files"标签，将出现如图 8-23 所示的文件面板，选择"PCB Board Wizard"选项，弹出如图 8-24 所

示的 PCB 板向导欢迎界面。

图 8-24 PCB 板向导欢迎界面

（2）单击"下一步"按钮，进入如图 8-25 所示的尺寸单位选择对话框，有英制单位（mil）和公制单位（mm）两种选择，读者可以根据兴趣选择尺寸类型。本列选择公制单

位 mm。

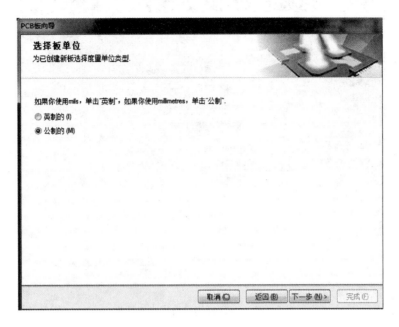

图 8 - 25 尺寸单位选择对话框

（3）单击"下一步"按钮，进入如图 8 - 26 所示的 PCB 板类型选择对话框，该框中有许多较为复杂的版型可供选择，本列采用"Custom"（用户定义）类型，自己定义板型和尺寸。

图 8 - 26　PCB 板类型选择对话框

（4）单击"下一步"按钮，出现如图 8 - 27 所示的 PCB 用户自定义对话框，先选择电路形状为矩形；再根据前面选择的尺寸单位输入电路板尺寸。

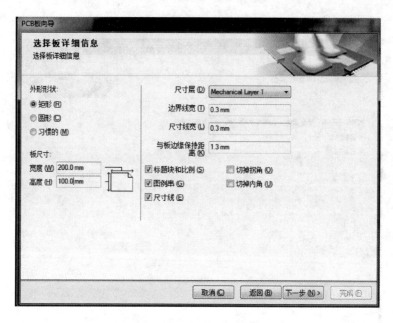

图 8 - 27　PCB 板用户自定义对话框

（5）单击"下一步"按钮，出现如图 8 - 28 所示的"信号层"、"内电源层"选择对话框，其中"信号层"默认为 2 层，可以不必修改，而"内电源层"默认为 2 层。这里不必使用内电源层，将其修改为 0。

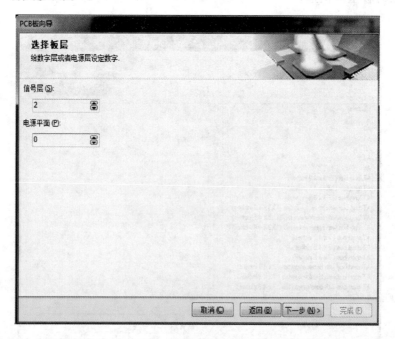

图 8 - 28　信号层、电源层选择对话框

（6）单击"下一步"按钮，弹出如图 8 - 29 所示的过孔类型选择对话框，选择"仅通孔的过孔"默认项，因为没有内电源/接地层，所以不使用盲孔和埋孔。

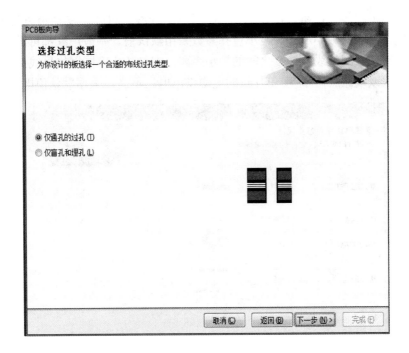

图 8 - 29　选择过孔类型对话框

（7）单击"下一步"按钮，在如图 8 - 30 所示的元件类型选择对话框中，在"板主要部分"选择"通孔元件"，因为 51 单片机实验板使用的元件大部分为穿孔式封装；在"临近焊盘两边线数量"选择"一个轨迹"。

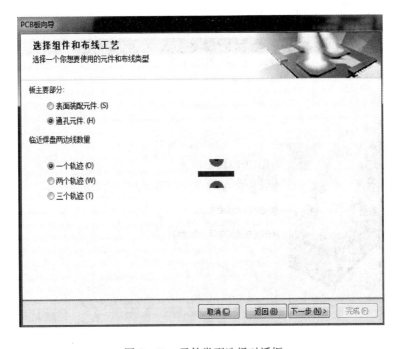

图 8 - 30　元件类型选择对话框

（8）单击"下一步"按钮，在如图 8 - 31 所示的导线、过孔、安全距离设置对话框中，选择默认参数。导线的最小尺寸、最小过孔参数采用默认值，一般厂家都可满足要求；最小清除指的是不同网络间导线、焊盘之间的最小距离，它可防止不同网络导线。焊盘之间靠得太近而导致打火或短路。由于 51 单片机的电源供电电压不高，采用默认值即可。

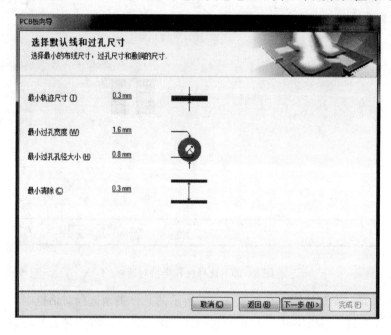

图 8 - 31　导线、过孔、最小清除设置对话框

（9）单击"下一步"按钮，弹出如图 8 - 32 所示的 PCB 板向导结束对话框。

图 8 - 32　PCB 板向导完成对话框

（10）在如图8-33所示的PCB板向导完成对话框中，单击"完成"按钮，将出现一个有PCB板向导制作完成的电路板，如图8-33所示。

图8-33 PCB板向导制作完成的电路板

需要注意的是：

（1）在PCB板向导的操作过程中，可以单击"返回"按钮，回到前面的操作步骤修改设置。

（2）完成后及时保存PCB文件，否则无法载入元件封装与网络。

8.4 载入元件封装与网络

原理图和电路板规划完成后，就需要将原理图的设计信息传递到PCB编辑器中，进行电路板的具体设计。原理图向PCB编辑器传递的信息主要为元件封装和网络（即元件管脚之间的电气连接关系）。

Altium Designer实现了真正的双向同步设计，元件封装和网络信息即可通过原理图编辑器中更新PCB文件来实现，也可通过在PCB编辑器中导入原理图的变化来实现。下面介绍第一种方法，即在原理图编辑器中如何利用提供的同步功能，更新PCB编辑器的封装和网络。步骤如下。

（1）打开原理图文件，如图8-34所示，执行"设计"→"Update PCB Document PCB1.PcbDoc"菜单命令，更新PCB文件PCB1.PcbDoc。

设计 (D)	工具(T) (T)	报告(R) (R)	窗口(W) (W)	帮助(H) (H)
Update PCB Document PCB1.PcbDoc				

图8-34 载入网络表菜单

出现如图8-35所示的更新PCB文件对话框，主要由"Add Components"（添加管脚封装）和"Add Nets"（添加网络连接）两部分构成。

（2）在如图8-35所示的更新PCB文件对话框中，单击"使更改生效"按钮，操作过

167

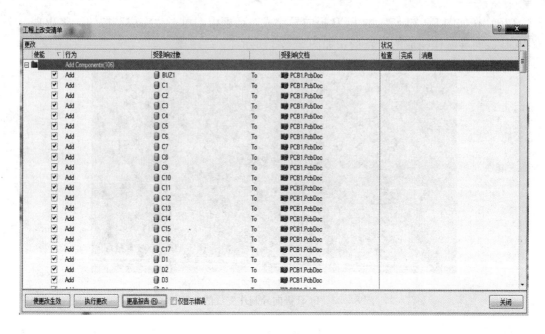

图 8-35　更新 PCB 文件对话框

程中将在"状况"状态栏中的"检查"列中显示各个操作是否能正确执行，其中正确的为绿色的"√"，错误的为红色的"×"，如图 8-36 所示。

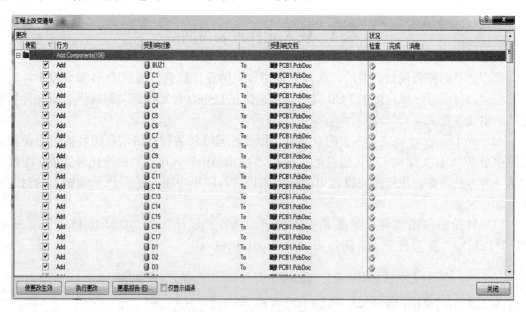

图 8-36　检查更新是否有效

（3）在如图 8-35 中所示的元件更新对话框中，如果有效更新标志全部正确，说明 PCB 编辑器中可以在 PCB 封装库中找到所有元件的管脚封装，网络连接也正确。可单击"执行更改"按钮，执行更新，软件将自动转到打开向导新建的 PCB 文件，将各封装元件和网络连接载入 PCB 文件中。操作过程中，将在"状况"栏中的"完成"执行列中显示各操作是否已经正确执行，如图 8 - 37 所示。

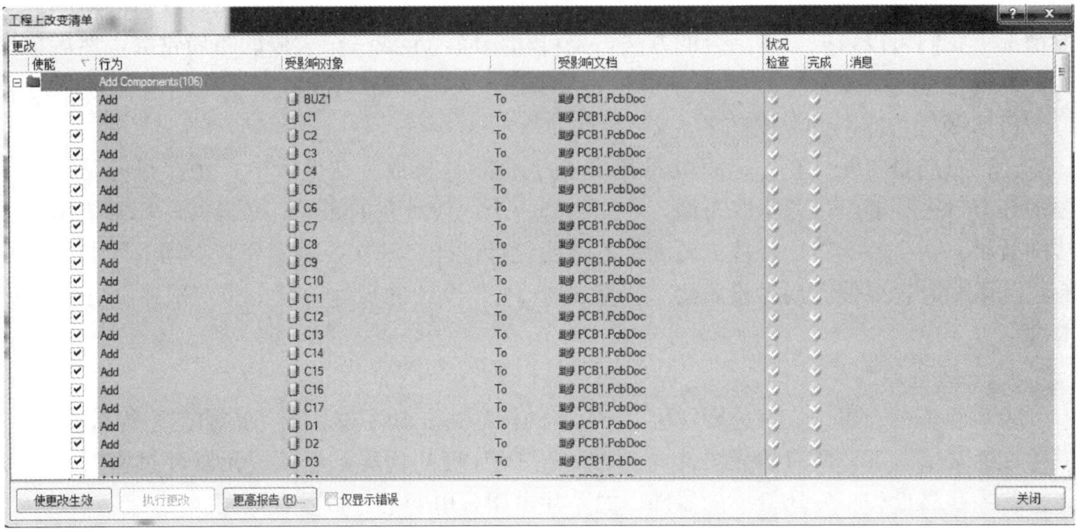

图 8 - 37 执行更新载入各封装元件和网络连接

完成后单击"关闭"按钮关闭。可以看到 PCB 编辑器中已经载入了各个封装元件以及它们之间的网络连接，如图 8 - 38 所示。

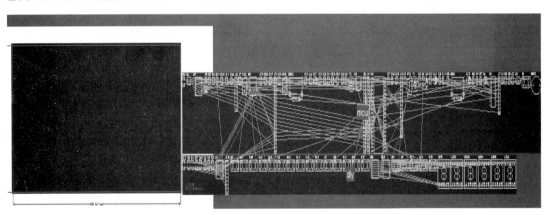

图 8 - 38 装入电路板的 PCB 封装元件

8.5 元 件 布 局

在载入元件封装管脚和网络连接后，所有 PCB 元件全部重叠在一起，无法进行布线。所以在布线之前，必须将元件按照设计要求分布在电路板上，以便于元件的布线、安装、焊接和调试。

元件布局有两种方法，一种为自动布局，该方法利用 PCB 编辑器的自动布局功能，按照一定的规则自动将元件分布于电路板框内。该方法简单方便，但由于其智能化程度不高，不可能考虑到具体电路在电气特性方面的不同要求，所以很难满足实际要求；另一种为手工布局。设计者根据自身经验、具体设计要求对 PCB 元件进行布局。该方法取决于设计者的经验和丰富的电子技术知识，可以充分考虑电气特性方面的要求，但需花费较多的时间。一般情况下我们可以采取二者结合的方法，先自动布局，形成一个大概的布局轮廓，然后根据实际需要再进行手工调整。

PCB 板元件布局的原则如下。

元件布局是将元件在一定面积的 PCB 板上合理地排放。在设计中，元件布局是一个重要的环节，往往要经过若干次布局，才能得到一个比较满意的布局，布局的好坏直接影响布线的效果。一个好的布局，首先要满足电路的设计性能，其次要满足安装空间的限制，在没有尺寸限制时，要使布局尽量紧凑，尽量减小 PCB 设计的尺寸，减少生产成本。在布局中应遵循以下原则。

1. 一般性原则

为了便于自动焊接，每边要留出 3.5mm 的传送边，如不够，要考虑加工艺传送边。

在通常情况下，所有的元器件均应布局在 PCB 板的顶层，当顶层元器件过密时，可以考虑将一些高度较小发热量小的器件，如贴片电阻、电容等，放置在底层。

元器件在整个板面上应紧凑地分布，尽量缩短元器件间的布线长度。

将可调整的元器件布置在易调节的位置。

某些元器件或导线之间可能存在较高的电位差，应加大它们之间的距离，以免放电击穿引起意外短路。

带高压的元器件应尽量布置在调试时手不易触及的地方。

在保证电气性能的前提下，元器件在整个板面上应均匀、整齐排列，疏密一致，讲究美观。

2. 其他原则

(1) 信号流向布局原则：按照信号的流向放置电路各个功能单元的位置；元件的布局应便于信号的流通，使信号尽可能保持方向一致。

(2) 抑制热干扰原则：发热元件应安排在有利于散热的位置，必要时可以单独设置散热器，以降低温度和减少对临近元器件的影响；将发热较高的元器件分散开，使单位面积热量减少。

(3) 抑制电磁干扰原则：对干扰源及对电磁感应较灵敏的元件进行屏蔽或滤波，屏蔽罩应良好接地；加大干扰源与对电磁感应较灵敏元件之间的距离；尽量避免高低压器件相互混杂，避免强弱信号器件交错在一起；尽可能缩短高频元件和大电流元件之间的连线，设法减少分布参数的影响；对于高频电路，输入和输出元件应尽量远离；在采用数字逻辑电路时，在满足使用要求的前提下，尽可能选用低速元件；在 PCB 板中有接触器、继电器、按钮等元件时，操作它们时均为产生较大火花放电，必须采用 RC 浪涌吸收电路来吸收放电电流；CMOS 元件的输入阻抗很高，且易受感应，因此对不使用的端口要进行接地或接正电源处理。

提高机械强度原则：应留出固定支架、安装螺孔、定位螺孔、连接插座等的位置；电路板的最佳形状是矩形（长宽比为 3∶2 或 4∶3），当板面尺寸大于 200mm×150mm 时，应考虑板所受的机械强度。

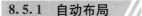

8.5.1 自动布局

自动布局步骤如下。

(1) 执行"工具"→"器件布局"→"自动布局"菜单命令，如图 8-39 所示。

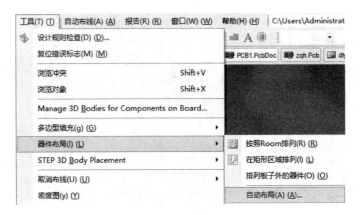

图 8-39 自动布局菜单命令

(2) 出现如图 8-40 所示的自动布局对话框，选择"成群的放置项"，以组群方式布局元件，单击"确定"按钮，启动自动布局过程。自动布局完成后的布局结果如图 8-41 所示，可以看到自动布局的结果很不理想，必须进行手工调整。

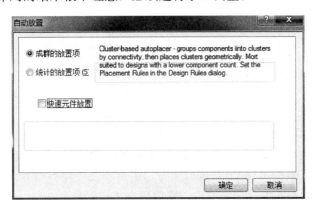

图 8-40 自动布局对话框

8.5.2 手工调整元件布局

自动布局后的结果可能不太令人满意，还需要用手工布局的方法，重新调整元件的布局，使之在满足电气功能要求的同时，更加优化、更加美观。手工调整元件布局，包括元件的选取、移动、旋转等操作。

1. 选取元件

Altium Designer 元件的选取方式比较丰富，易于操作。直接选取元件的方式是单击要选取的元件，还可以使用菜单命令"编辑"→"选择"，打开元件选取菜单，如图 8-42 所示。选择合适选项选取元件。选项有以下几种。

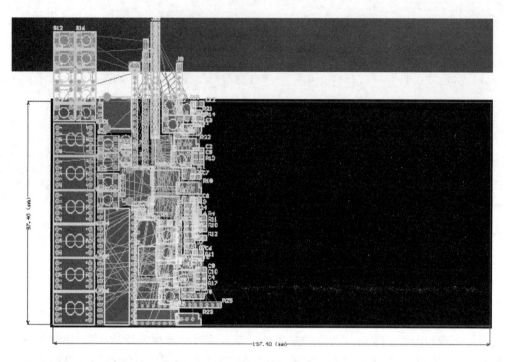

图 8 - 41　自动布局完成后的布局结果

（1）区域内（Inside Area）对象，选取拖动矩形区域内的所有元件。

（2）区域外（Outside Area）对象，选取拖动矩形区域外的所有元件。

（3）全部（All）对象，选取所有元件。

（4）板上（Board）全部对象，选取电路板中的所有对象。

（5）网络（Net）中对象，选取某网络的组成元件。

（6）连接的铜（Connected Copper），选取通过敷铜连接的所有对象。

（7）物理连接（Physical Connection），选取通过物理连接的对象。

（8）层上的全部（All on Layer）对象，选取当前工作层上的所有对象。

（9）自由对象（Free Objects），选取所有自由对象及任何不与电路相连的对象。

（10）全部锁定（All Locked）对象，选取所有锁定对象。

（11）离开网络的焊盘（Off Grid Pads），选取所有焊盘。

（12）切换选择（Toggle Selection），逐个选取对象，构成一个由选中对象组成的集合。

2. 释放选取对象

释放选取对象的方法可分为直接释放和利用菜单命令释放，直接释放的方法是用鼠标单击 PCB 页面空白处即可，利用菜单命令释放的方法是，通过执行"编辑"→"取消选择"，其功能与选取对象菜单命令完全相反。如图 8 - 43 所示。

3. 移动元件

移动元件的简单操作是拖动选中的元件到适当位置放下即可，另外也可以用菜单命令"编辑"→"移动"，选择选项来移动元件，如图 8 - 44 所示。选项有以下几种。

（1）移动（Move），在选取了移动对象后，选中该命令，就可以拖动鼠标，移动选取对象到合适位置。

图 8 - 42　元件选取菜单

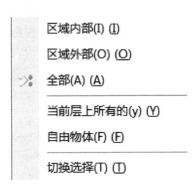

图 8 - 43　释放选取对象菜单

（2）拖动（Drag），此命令与移动命令相比操作简单些，只需要单击移动对象，移动对象就会随光标移动，到合适位置再次单击，完成移动操作。

（3）元件（Component），与拖动命令操作方法相同，但此命令只能选择元件封装。

（4）重布导线（Re - Route），此命令用于移动元件重新生成布线。

（5）建立导线新端点（Break Track），用于打断某些布线。

（6）拖动导线端点（Drag Track End），用于选取导线的端点为基准移动对象。

（7）移动选择（Move Selection），用于将选中的多个对象移到目标位置。

4. 旋转元件

一种方法是选取对象，然后执行菜单命令"编辑"→"移动"→"旋转选择"，弹出旋转角度对话框，输入要旋转的角度，单击确定按钮，再单击鼠标确定旋转中心，完成旋转操作。旋转角度对话框如图 8 - 45 所示。

另外一种方法是，在拖动元件状态，按空格键，每次旋转 90°，此方法在实际应用中更为方便。

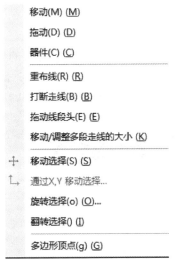

图 8 - 44　移动元件菜单

图 8 - 45　旋转角度对话框

5. 排列元件

为使布局后的电路板美观，还需要将元件排列整齐，将焊盘移到电气格点，排列元件可以使用元件位置调整工具栏，也可以执行菜单命令"编辑"→"对齐"，从级联菜单中选择合适方式排列元件，如图8-46所示。方式有以下几种。

（1）对齐，排列对象，有水平和垂直两个方向对齐原则设置，水平排列对齐方式有无变化、左对齐、中间对齐、右对齐、等间距对齐5种方式，垂直排列对齐方式有无变化、顶端对齐、中心对齐、底端对齐、等间距排列5种方式，元件排列位置调整菜单和排列对象对话框如图8-47所示。

（2）定位器件文本（Position Component Text），设置元件序号及注释文字相对元件位置的设置对话框，如图8-48所示。

（3）左对齐（Left），将所有已选择元件按最左边元件对齐。

（4）右对齐（Right），将所有已选择元件按最右边元件对齐。

（5）水平中心对齐（Horizontal Center），将所有已选择元件按水平中心线对齐。

（6）水平分布（Distribute Horizontally），将所有已选择元件按最左、右两端为端点，水平均匀分布对齐。

（7）增加水平间距（Increase Horizontal Spacing），将所有已选择的元件水平间距加大。

（8）减少水平间距（Decrease Horizontal Spacing），将所有已选择的元件水平间距减小。

（9）顶对齐（Top），将所有已选取的元件按最顶端元件对齐。

（10）底对齐（Bottom），将所有已选取的元件按最底端元件对齐。

（11）垂直中心对齐（Vertical Centers），将所有已选取的元件按元件垂直中心线对齐。

（12）垂直分布（Distribute Vertically），将所有已选取元件按最顶端、底端两端元件为端点垂直均匀分布、对齐。

（13）增加垂直间距（Increase Vertical Spacing），将所有已选择的元件垂直间距加大。

（14）减少垂直间距（Decrease Vertical Spacing），将所有已选择的元件垂直间距减小。

6. 剪贴复制元件

（1）简单粘贴复制。可以采用主工具栏提供的剪切、复制、粘贴实现，也可以选用菜单命令"编辑"→"剪切"、"编辑"→"复制"、"编辑"→"粘贴"等实现。

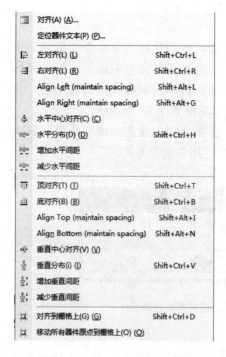

图8-46 元件排列位置调整菜单

图8-47 排列对象对话框

（2）特殊性粘贴。选取某元件后复制，执行菜单命令"编辑"→"特殊粘贴"，弹出特殊粘贴对话框，如图 8‐49 所示。在该对话框内可以设置粘贴方式，方式有以下几种。

1）粘贴到当前层（Paste on current layer）。表示将对象粘贴在当前图层，但是对象的焊盘、过孔，位于丝印层上的元件标号、形状、注释保留在原工作层。

2）保持网络名称（Keep net name）。表示如果元件粘贴在同一个文档中，则复制对象保持相同电气网络连接。

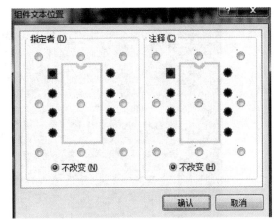

图 8‐48　元件文字位置设置对话框

3）复制的指定者（Duplicate designator）。表示在粘贴元件时保持原来元件的序号。

4）添加元件类（Add to component class）。表示将粘贴元件的对象与复制对象归为同类。设置粘贴方式后，单击粘贴按钮将对象粘贴到目标位置。

同时该粘贴对话框还提供了阵列粘贴操作，单击粘贴队列弹出粘贴队列设定对话框，如图 8‐50 所示。设定参数选择类型，单击确认按钮，完成阵列粘贴操作。

图 8‐49　特殊粘贴对话框

图 8‐50　粘贴队列设定对话框

7. 删除元件

删除元件可以执行菜单命令"编辑"→"删除"，然后单击要删除的元件，或选择元件，再执行"编辑"→"清除"命令，也可以直接选取要删除的元件，按 Delete 键。

PCB 板中连接各元件管脚之间的细线称为"飞线"，如图 8‐51 所示，表示封装元件焊盘之间的电气连接关系，飞线连接的焊盘在布线时将由铜箔导线连通，它和原理图中管脚之间的连线、网络表中的连接网络相对应。

手工布局过程中需要注意各元件不要重叠，功率较大元件位置不能靠得太近，尽量使飞线不要交叉，飞线长度较短；电路板中元件尽量均匀分布，不要全部挤到一角或一边，以及便于和原理图对照分析，方便安装、维修、调试等。对 51 单片机实验板进行手工布局调整，布局结果如图 8‐51 所示。

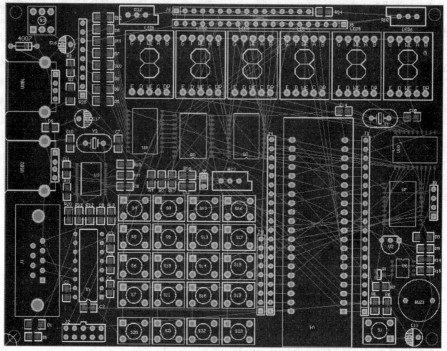

图 8 - 51　手工调整后的布局结果

8.6　设置自动布线规则

为了提高布线的质量和成功率，在布线之前需要进行设计规则的设置，通过执行菜单命令"设计"→"规则"，打开设计规则对话框，在本例中主要进行设置的设计规则有以下几种。

（1）布线安全距离，用于设置铜膜走线与其他对象间的最小间距，在设计规则对话框中的"Electrical"根目录下的"Clearance"选项中，设置最小间隙（最小安全距离），在此我们设定为 0.25mm，单击确定即可。如图 8 - 52 所示。

（2）设置布线宽度，布线宽度在布线规则设置对话框中 Routing 根目录下的 Width 选项，如图 8 - 53 所示。用于设置铜膜走线的宽度范围，推荐的走线宽度，以及适用的范围。在本例中设置网络节点 GND 的最小线宽和优先尺寸为 0.762mm，最大宽度为 0.762mm；其他的最小线宽和优先尺寸为 0.25mm，最大宽度为 0.25mm。注意设置时 Top Layer 层和 Bottom Layer 层都要设置。

（3）布线工作层设置，用于设置放置铜膜导线的板层，在布线规则设置对话框中 Routing 根目录下的 RoutingLayers 选项。在本例中采用双面板设计，有效层有 TopLayer 和 BottomLayer 两层。设置如图 8 - 54 所示。

（4）布线拐角方式设置，布线宽度设置对话框，用于设置布线的拐角方式，在布线规则设置对话框中 Routing 根目录下的 RoutingCorners 选项中。在本例中选择 45°拐角风格，设置如图 8 - 55 所示。

（5）过孔类型设置，用于设置自动布线过程中使用的过孔大小及适用范围。在布线规则

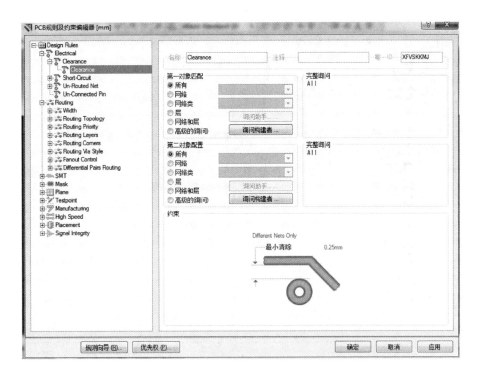

图 8 - 52 布线安全间距设置对话框

设置对话框中 Rounting 根目录下的 RoutingVias 选项中，设置如图 8 - 56 所示。

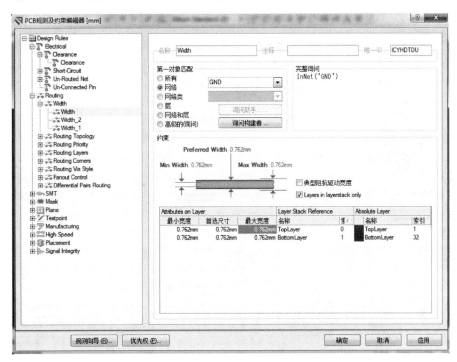

图 8 - 53 布线宽度设置对话框

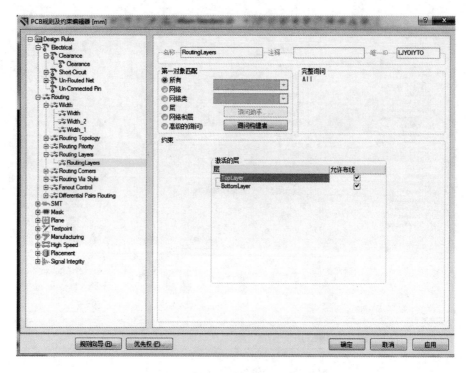

图 8‑54　布线工作层设置对话框

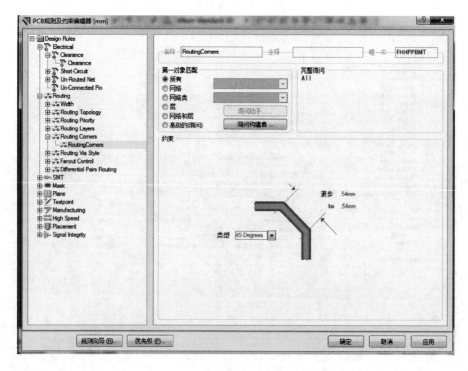

图 8‑55　布线拐角方式设置对话框

图 8‐56 过孔类型设置对话框

8.7 自动布线和 3D 效果图

在依次完成了前面的设计步骤后，就可以启动自动布线，对于初学者来说，这是一个激动人心的步骤，前面所有的努力，到这一步终于有了初步成果。自动布线的操作方法如下。

（1）如图 8‐57 所示，执行"自动布线"→"全部"菜单命令。

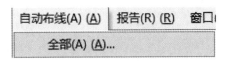

图 8‐57 自动布线菜单

（2）弹出如图 8‐58 所示的自动布线策略选择对话框，一般采用默认项参数即可。

（3）在如图 8‐58 所示的自动布线策略设置对话框中，单击"Route All"按钮布所有导线，将启动自动布线过程。本例中元件较多，布线速度较慢，自动布线过程中弹出如图 8‐59 所示的自动布线信息报告栏。

（4）在如图 8‐59 所示的自动布线信息报告栏中，单击关闭按钮，将可以看到本例 51 单片机实验板自动布线的结果图，如图 8‐60 所示。因为计算机配置不同，元件布局差异将导致布线结果可能差别较大，读者可以多次运行自动布线命令，选取布线效果最好的一次。

（5）观看电路板 3D 效果图。如图 8‐61 所示，执行"察看"→"3D 显示"菜单命令，

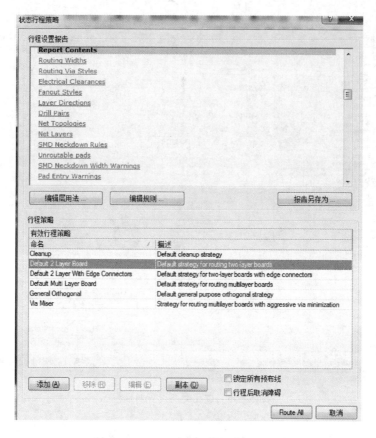

图 8-58　自动布线策略设置对话框

Class	Document	Source	Message	Time	Date	N..
Situs E...	zqh.Pcb	Situs	Completed Memory in 0 Seconds	14:53:21	2016/4/17	6
Situs E...	zqh.Pcb	Situs	Starting Layer Patterns	14:53:21	2016/4/17	7
Routin...	zqh.Pcb	Situs	Calculating Board Density	14:53:21	2016/4/17	8
Situs E...	zqh.Pcb	Situs	Completed Layer Patterns in 0 Seconds	14:53:22	2016/4/17	9
Situs E...	zqh.Pcb	Situs	Starting Main	14:53:22	2016/4/17	10
Routin...	zqh.Pcb	Situs	401 of 408 connections routed (98.28%) in 23 S...	14:53:44	2016/4/17	11
Situs E...	zqh.Pcb	Situs	Completed Main in 23 Seconds	14:53:45	2016/4/17	12
Situs E...	zqh.Pcb	Situs	Starting Completion	14:53:45	2016/4/17	13
Routin...	zqh.Pcb	Situs	403 of 408 connections routed (98.77%) in 25 S...	14:53:46	2016/4/17	14
Situs E...	zqh.Pcb	Situs	Completed Completion in 2 Seconds	14:53:47	2016/4/17	15
Situs E...	zqh.Pcb	Situs	Starting Straighten	14:53:47	2016/4/17	16
Routin...	zqh.Pcb	Situs	403 of 408 connections routed (98.77%) in 27 S...	14:53:48	2016/4/17	17
Situs E...	zqh.Pcb	Situs	Completed Straighten in 1 Second	14:53:48	2016/4/17	18
Routin...	zqh.Pcb	Situs	403 of 408 connections routed (98.77%) in 28 S...	14:53:49	2016/4/17	19
Situs E...	zqh.Pcb	Situs	Routing finished with 0 contentions(s). Failed to...	14:53:49	2016/4/17	20

图 8-59　自动布线信息报告

可以观看到电路板的立体效果图，如图 8-62 所示。当然它只是一种模拟的三维电路板图，并不能完全等同于实际电路板和实际元件，但通过该图，我们可以从立体三维空间的角度，较为直观地观察到电路板的一些有用信息，如元件布局上是否有元件重叠，是否有元件之间距离太近。

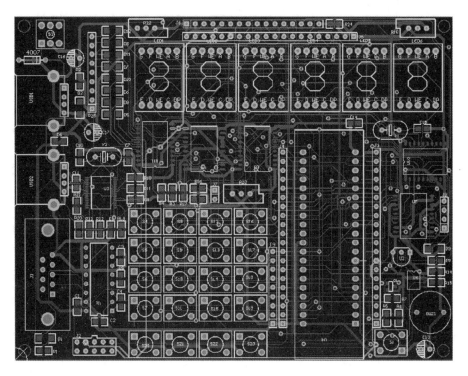

图 8 - 60　51 单片机实验板自动布线结果

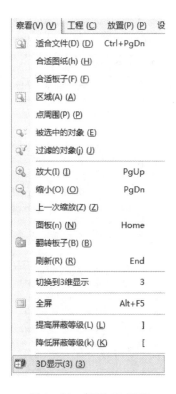

图 8 - 61　打开 3D 显示

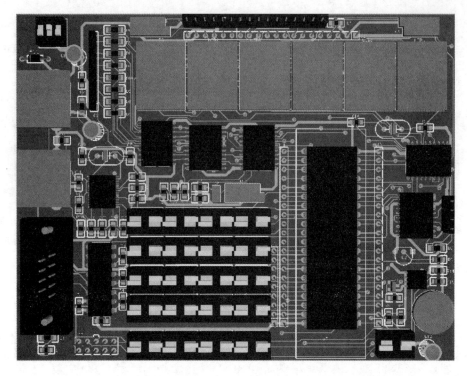

图 8-62 3D 显示效果

现在终于初步制作了一个 51 单片机实验板电路板，体验了利用 Altium Designer 制作电路板的基本过程。当然，该板中还存在着较多的不足之处，如自动布线后部分导线存在弯曲太多，绕行太远等缺陷，如图 8-62 所示。所以在下一章中，将介绍该电路板的进一步改进和完善内容，包括手工修改导线等 PCB 板制作过程中的常用技巧。

设计 51 单片机实验板元件的封装。

第 9 章

PCB 板的编辑和完善

9.1 布线规律检查和走线修改

9.1.1 布线原则

1. 连线精简原则

连线要精简，尽可能短，尽量少拐弯，力求线条简单明了，特别是在高频回路中，当然为了达到阻抗匹配而需要进行特殊延长的线就例外了，例如蛇行走线等。

2. 安全载流原则

铜线的宽度应以其所能承载的电流为基础进行设计，铜线的载流能力取决于以下因素：线宽、线厚（铜铂厚度）、答应温升等，表 9‐1 给出了铜导线的宽度和导线面积以及导电电流的关系（军品标准），可以根据这个基本的关系对导线宽度进行适当的设计。

印制导线最大答应工作电流（导线厚 $5\mu m$，答应温升 $10℃$）。

表 9‐1 线宽和流过电流大小之间的关系

导线宽度（Mil）	导线电流（A）	导线宽度（Mil）	导线电流（A）
10	1	50	2.6
15	1.2	75	3.5
20	1.3	100	4.2
25	1.7	200	7.0
30	1.9	250	8.3

相关的计算公式为：

$$I = KT^{0.44}A^{0.75}$$

式中　K——修正系数，一般覆铜线在内层时取 0.024，在外层时取 0.048；

　　　T——最大温升，℃；

　　　A——覆铜线的截面积，mil（不是 mm，留意）；

　　　I——最大答应电流，A。

3. 电磁抗干扰原则

电磁抗干扰原则涉及的知识点比较多，例如铜膜线的拐弯处应为圆角或斜角（由于高频时直角或者尖角的拐弯会影响电气性能）双面板两面的导线应互相垂直、斜交或者弯曲走线，尽量避免平行走线，减小寄生耦合等。

（1）地线设计原则。

通常一个电子系统中有各种不同的地线，如数字地、逻辑地、系统地、机壳地等，地线的设计原则如下。

1）正确的单点和多点接地。在低频电路中，信号的工作频率小于 1MHz，它的布线和器件间的电感影响较小，而接地电路形成的环流对干扰影响较大，因而应采用一点接地。当信号工作频率大于 10MHz 时，假如采用一点接地，其地线的长度不应超过波长的 1/20，否则应采用多点接地法。

2）数字地与模拟地分开。若电路板上既有逻辑电路又有线性电路，应尽量使它们分开。一般数字电路的抗干扰能力比较强，例如 TTL 电路的噪声容限为 0.4～0.6V，CMOS 电路的噪声容限为电源电压的 0.3～0.45 倍，而模拟电路只要有很小的噪声就足以使其工作不正常，所以这两类电路应该分开布局布线。

3）接地线应尽量加粗。若接地线用很细的线条，则接地电位会随电流的变化而变化，使抗噪性能降低。因此应将地线加粗，使它能通过三倍于印制板上的答应电流。如有可能，接地线应在 2～3mm 以上。

4）接地线构成闭环路。只由数字电路组成的印制板，其接地电路布成环路大多能进步抗噪声能力。由于环形地线可以减小接地电阻，从而减小接地电位差。

（2）配置退藕电容。

PCB 设计的常规做法之一是在印刷板的各个关键部位配置适当的退藕电容，退藕电容的一般配置原则是：

电源的输进端跨接 10～100μF 的电解电容器，假如印制电路板的位置答应，采用 100μF 以上的电解电容器抗干扰效果会更好。

原则上每个集成电路芯片都应布置一个 0.01～0.1μF 的瓷片电容，如遇印制板空隙不够，可每 4～8 个芯片布置一个 1～10μF 的钽电容（最好不用电解电容，电解电容是两层薄膜卷起来的，这种卷起来的结构在高频时表现为电感，最好使用钽电容或聚碳酸酯电容）。

对于抗噪能力弱、关断时电源变化大的器件，如 RAM、ROM 存储器件，应在芯片的电源线和地线之间直接接进退藕电容。

电容引线不能太长，尤其是高频旁路电容不能有引线。

（3）过孔设计。

在高速 PCB 设计中，看似简单的过孔也往往会给电路的设计带来很大的负面效应，为了减小过孔的寄生效应带来的不利影响，在设计中应尽量做到以下几点。

1）从本钱和信号质量两方面来考虑，选择公道尺寸的过孔大小。例如对 6～10 层的内存模块 PCB 设计来说，选用 10/20mil（钻孔/焊盘）的过孔较好，对于一些高密度的小尺寸的板子，也可以尝试使用 8/18mil 的过孔。在目前技术条件下，很难使用更小尺寸的过孔了（当孔的深度超过钻孔直径的 6 倍时，就无法保证孔壁能均匀镀铜）；对于电源或地线的过孔则可以考虑使用较大尺寸，以减小阻抗。

2）使用较薄的 PCB 板有利于减小过孔的两种寄生参数。

3）PCB 板上的信号走线尽量不换层，即尽量不要使用不必要的过孔。

4）电源和地的管脚要就近打过孔，过孔和管脚之间的引线越短越好。

5）在信号换层的过孔四周放置一些接地的过孔，以便为信号提供最近的回路。甚至可以在 PCB 板上大量放置一些多余的接地过孔。

（4）降低噪声与电磁干扰的一些经验。

1）能用低速芯片就不用高速的，高速芯片用在关键地方。

2）可用串联一个电阻的方法，降低控制电路上下沿跳变速率。

3）尽量为继电器等提供某种形式的阻尼，如 RC 设置电流阻尼。

4）使用满足系统要求的最低频率时钟。

5）时钟应尽量靠近用该时钟的器件，石英晶体振荡器的外壳要接地。

6）用地线将时钟区圈起来，时钟线尽量短。

7）石英晶体下面以及对噪声敏感的器件下面不要走线。

8）时钟、总线、片选信号要阔别 I/O 线和接插件。

9）时钟线垂直于 I/O 线比平行于 I/O 线干扰小。

10）I/O 驱动电路尽量靠近 PCB 板边，让其尽快离开 PCB。对进 PCB 的信号要加滤波，从高噪声区来的信号也要加滤波，同时用串终端电阻的办法，减小信号反射。

11）MCU 无用端要接高，或接地，或定义成输出端，集成电路上该接电源、地的端都要接，不要悬空。

12）闲置不用的门电路输进端不要悬空，闲置不用的运放正输进端接地，负输进端接输出端。

13）印制板尽量使用 45 折线而不用 90 折线布线，以减小高频信号对外的发射与耦合。

14）印制板按频率和电流开关特性分区，噪声元件与非噪声元件间隔要远一些。

15）单面板和双面板用单点接电源和单点接地、电源线、地线尽量粗。

16）模拟电压输进线、参考电压端要尽量远离数字电路信号线，特别是时钟。

17）对 A/D 类器件，数字部分与模拟部分不要交叉。

18）元件引脚尽量短，往耦电容引脚尽量短。

19）关键的线要尽量粗，并在两边加上保护地，高速线要短要直。

20）弱信号电路，低频电路四周不要形成电流环路。

21）任何信号都不要形成环路，如不可避免，让环路区尽量小。

22）每个集成电路有一个往耦电容。每个电解电容边上都要加一个小的高频旁路电容。

23）用大容量的钽电容或聚酯电容而不用电解电容做电路充放电储能电容，使用管状电容时，外壳要接地。

24）对干扰十分敏感的信号线要设置包地，可以有效地抑制串扰。

25）信号在印刷板上传输，其延迟时间不应大于所有器件的标称延迟时间。

4. 环境效应原则

要留意所应用的环境，例如在一个振动或者其他轻易使板子变形的环境中采用过细的铜膜导线很轻易起皮拉断等。

5. 安全工作原则

要保证安全工作，例如要保证两线最小间距要承受所加电压峰值，高压线应圆滑，不得有尖锐的倒角，否则轻易造成板路击穿等。

6. 组装方便、规范原则

走线设计要考虑组装是否方便，例如印制板上有大面积地线和电源线区时（面积超过 500mm^2），应局部开窗口以方便腐蚀等。

此外还要考虑组装规范设计，例如元件的焊接点用焊盘来表示，这些焊盘（包括过孔）均会自动不上阻焊油，但是如用填充块当表贴焊盘或用线段当金手指插头，而又不做特别处理（在阻焊层画出无阻焊油的区域），阻焊油将掩盖这些焊盘和金手指，轻易造成误解性错误；SMD 器件的引脚与大面积覆铜连接时，要进行热隔离处理，一般是做一个导线到铜箔，以防止受热不均造成的应力集中而导致虚焊；PCB 上假如有 $\phi12$ 或方形 12mm 以上的过孔时，必须做一个孔盖，以防止焊锡流出等。

7. 经济原则

遵循该原则要求设计者要对加工，组装的工艺有足够的熟悉和了解，例如 5mil 的线做腐蚀要比 8mil 难，所以价格要高，过孔越小越贵等。

8. 热效应原则

在印制板设计时可考虑用以下几种方法：均匀分布热负载、给零件装散热器，局部或全局强迫风冷。

从有利于散热的角度出发，印制板最好是竖立安装，板与板的间隔一般不应小于 2cm，而且器件在印制板上的排列方式应遵循以下规则。

（1）同一印制板上的器件应尽可能按其发热量大小及散热程度分区排列，发热量小或耐热性差的器件（如小信号晶体管、小规模集成电路、电解电容等）放在冷却气流的最上（进口处），发热量大或耐热性好的器件（如功率晶体管、大规模集成电路等）放在冷却气流最下。

（2）在水平方向上，大功率器件尽量靠近印刷板的边沿布置，以便缩短传热路径；在垂直方向上，大功率器件尽量靠近印刷板上方布置，以便减少这些器件在工作时对其他器件温度的影响。

（3）对温度比较敏感的器件最好安置在温度最低的区域（如设备的底部），千万不要将其放在发热器件的正上方，多个器件最好是在水平面上交错布局。

（4）设备内印制板的散热主要依靠空气流动，所以在设计时要研究空气流动的路径，公道配置器件或印制电路板。采用公道的器件排列方式，可以有效地降低印制电路的温升。

此外通过降额使用、做等温处理等方法也是热设计中经常使用的手段。

9.1.2 布线规律检查和手工修改导线

以下结合前面章节绘制的 51 单片机实验板 PCB 的内容，介绍走线和修改的方法。

先打开所绘制的 51 单片机实验板 PCB 板，根据上面说讲的布线规律仔细检查电路板连线，发现图中有很多较为明显的违反布线规律的导线，如图 9-1 所示。

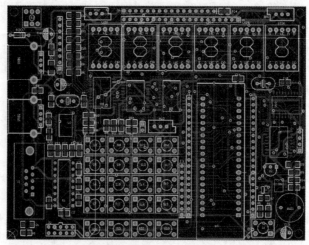

图 9-1　绘制完成后的 51 单片机实验板

图 9-1 中有的地方导线走线违反了安全载流原则，可以双击该导线，弹出该导线的属性对话框，查表 9-1 确定合适的导线宽度；有的地方导线走线违反了走线拐角规律，即导线转折处内角不能小于 90°；有的地方导线不够美观精简。以上必须进行手工修改，具体修改方法如下。

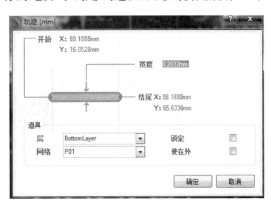

1. 修改走线宽度

修改走线宽度方法较简单。只需双击该走线，弹出如图 9-2 所示的导线属性对话框，将宽度改为适当的宽度即可。使用相同的方法，可以将其他走线的宽度修改过来。

2. 打开放置工具

执行"放置"菜单命令，如图 9-3 所示。利用过孔等完成布线。

图 9-2　导线属性对话框

图 9-3　放置菜单命令

3. 删除或撤销原布导线

（1）删除导线。选中要删除的导线，按 Delete 键即可删除。

(2) 撤销原布导线。执行删除命令一次只能删除一段导线，如果想整条导线撤销或将 PCB 板所有导线撤销，必须执行"工具"→"取消布线"命令，如图 9-4 所示的撤销走线菜单命令。

以下是各个子菜单含义。

"全部"：撤销所有导线。

"网络"：以网络为单位撤销布线。如选择"网络"命令后单击 GND 网络的导线，则撤销所有接地导线。

"联接"：撤销两个焊盘点之间的连接导线。

"器件"：撤销与该元件连接的所有导线。

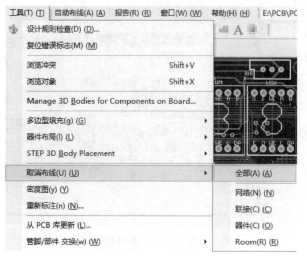

图 9-4 取消布线命令菜单

4. 选择底层信号层为当前工作层面

因为单片板导线位于"Bottom Layer"底层信号层，所以利用鼠标选择当前工作层面为该层，如图 9-5 所示。这一步非常重要，因为不同层面绘制的导线具有不同的电气特性。

图 9-5 选择底层信号层

5. 手工重新走线

执行"放置"→"交互式布线"菜单命令，如图 9-6 所示。查看布线规则，完成交互式布线，布线过程中可按 Tab 键修改走线属性。

图 9-6 选择交互式布线

6. 电源/接地线的加宽

为了提高抗干扰能力，增加系统的可靠性，往往需要将电源/接地线和一些流过电流较大的线加宽。增加电源/接地线的宽度可以在前面讲述的设计规则中设定，读者可以参考前面的讲述，设计规则中设置的电源/接地线宽度对整个设计过程均有效。但是当设计完电路板后，如果需要增加电源/接地线的宽度，也可以直接对电路板上电源/接地线加宽。

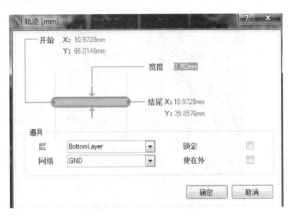

（1）移动光标，将光标指向需要加宽的电源/接地线或其他线。

（2）单击选中电源/接地线，并双击，系统就会打开如图 9 - 7 所示的对话框。

图 9 - 7　导线属性对话框

（3）用户在对话框的宽度选项中输入实际需要的宽度值即可。电源/接地线被加宽后的效果如图 9 - 8 所示，如果要加宽其他线，也可按同样方法进行操作。

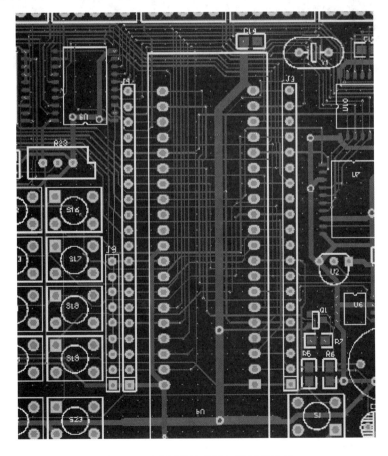

图 9 - 8　电源/接地线被加宽后的效果

7. 修改其他走线

依据同样的方法，修改图9-1中其他需要修改的走线，完成后效果如图9-9所示。

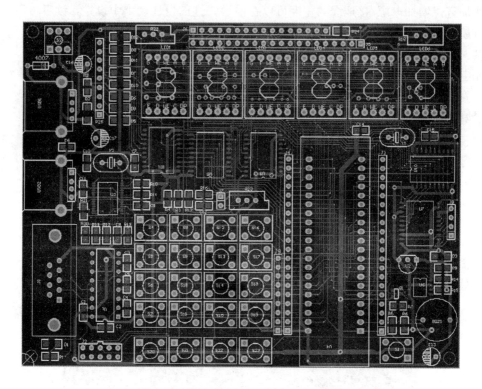

图9-9 修改完成后的51单片机实验板

9.2 添 加 敷 铜 区

为了提高PCB的抗干扰性，通常要对要求比较高的PCB实行敷铜处理。敷铜可以通过执行"Place"→"Polygon Plane"命令来实现。下面以上面的实例讲述敷铜处理，顶层和底层的敷铜均与GND相连。

（1）单击绘图工具栏中的按钮█，或执行"放置"→"多边形敷铜"命令，如图9-10所示。

（2）执行此命令后，系统将会弹出如图9-11所示的多边形平面属性对话框。此时在链接到网络下拉列表中选中"GND"，然后分别选中"Pour Over All Same Net Objects"（相同的网络连接一起）和死铜移除复选框，层选择"Top Layer"，其他设置项可以取默认值。

（3）设置完对话框后单击"确定"按钮，光标变成十字状，将光标移到所需的位置，单击，确定多边形的起点。然后再移动鼠标到合适位置单击，确定多边形的中间点。

（4）在终点处右击，程序会自动将终点和起点连接在一起，并且去除死铜，形成电路板上敷铜，如图9-12所示。

对底层的敷铜操作与上述类似，只是层选择"Bottom Layer"，效果如图9-13所示。

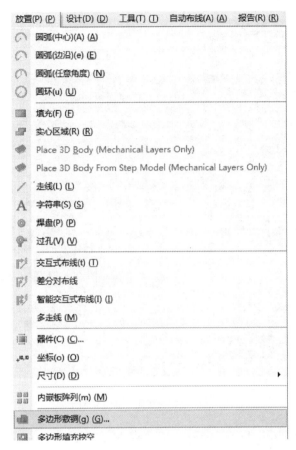

| 放置(P) (P) | 设计(D) (D) | 工具(T) (T) | 自动布线(A) (A) | 报告(R) (R) |

圆弧(中心)(A) (A)

圆弧(边沿)(e) (E)

圆弧(任意角度) (N)

圆环(u) (U)

填充(F) (F)

实心区域(R) (R)

Place 3D Body (Mechanical Layers Only)

Place 3D Body From Step Model (Mechanical Layers Only)

走线(L) (L)

字符串(S) (S)

焊盘(P) (P)

过孔(V) (V)

交互式布线(t) (T)

差分对布线

智能交互式布线(I) (I)

多走线(M)

器件(C) (C)...

坐标(o) (O)

尺寸(D) (D)

内嵌板阵列(m) (M)

多边形敷铜(g) (G)...

多边形填充挖空

图 9‑10 打开敷铜对话框

图 9‑11 多边形平面属性对话框

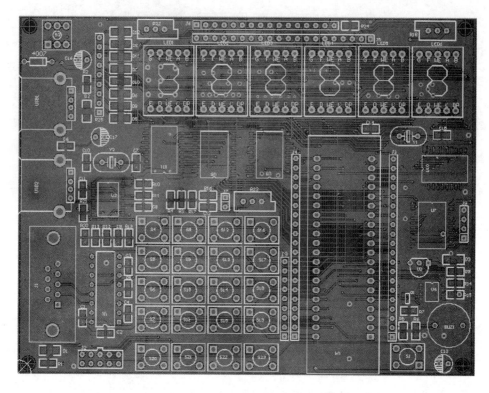

图 9-12　顶层敷铜后的 PCB 图

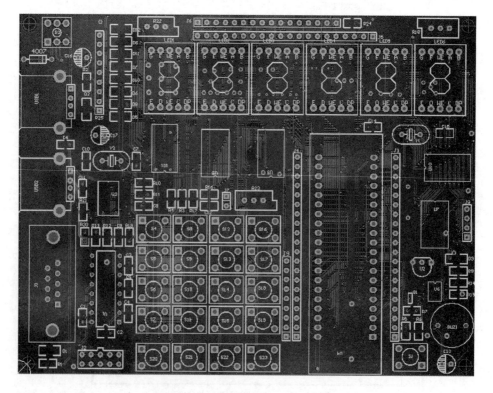

图 9-13　底层敷铜后的 PCB 图

9.3　补　泪　滴

为了增强印制电路板（PCB）网络连接的可靠性，以及将来焊接元件的可靠性，有必要对 PCB 实行补泪滴处理。补泪滴处理可以执行"工具"→"滴泪"命令，如图 9 - 14 所示，然后从弹出的补泪滴属性对话框（见图 9 - 15）中选择需要补泪滴的对象，通常焊盘（Pad）有必要进行补泪滴处理。最后选择泪滴的形状，并选择添加选项以实现向 PCB 添加泪滴，最后单击"确定"按钮即可完成补泪滴操作。

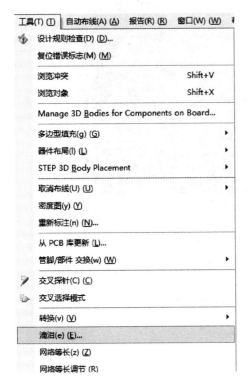

图 9 - 14　打开滴泪命令菜单

图 9 - 15　泪滴选项对话框

9.4　打印输出 PCB 文件

PCB 文件的打印输出和原理图文件的打印输出操作基本相似，但由于 PCB 板存在板层的概念，在打印 PCB 文件时可以将各层一起打印输出，也可由用户自己选择打印的层面，以方便制板和校对。

1. 打印预览

当 PCB 板设计完成后，Altium Designer 可以方便地将 PCB 文件打印或导出。执行"文件"→"打印预览"菜单命令，将弹出打印预览对话框，可以预览和设置 PCB 板层的打印效果，如图 9 - 16 所示。

2. 设置纸张

执行"文件"→"页面设计"菜单命令，将弹出如图 9 - 17 所示设置纸张对话框。

可以在"尺寸"栏中设置纸张的大小，在其下方选择图纸的方向，在"刻度模式"栏中最好采用默认项"Fit Document On Page"，将自动调整 PCB 图层比例，使其合适于纸张大小，否则，用户还需在其下方设置比例大小。还可在"颜色设置"框中设置 PCB 的输出模式。

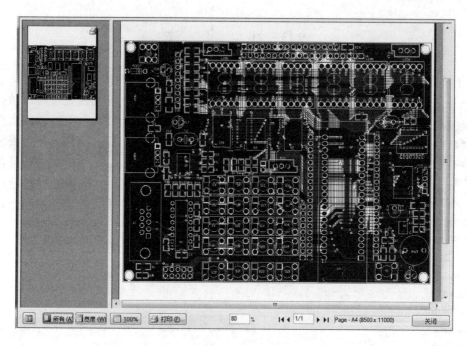

图 9-16　PCB 文件打印预览对话框

图 9-17　设置纸张

3. 设置打印层面

与原理图打印不同，PCB 板在打印前还可选择打印的图层，在图 9-17 中选择"高级"选项，弹出如图 9-18 所示的打印层面设置对话框，在图中列出将要打印的层面。

（1）添加打印层面。在如图 9-18 所示中单击鼠标右键，将弹出图中所示的浮动菜单，执行"Insert Layer"菜单命令，弹出如图 9-19 所示的添加图层对话框，在"打印层类型"下拉列表框中选择要添加的层面。

（2）删除打印层面。在如图 9-18 所示中选择要删除的层面后，单击鼠标右键，将弹出图中所示的浮动菜单，执行"Delete"菜单命令，即可将该层面从打印层面列表中删除。

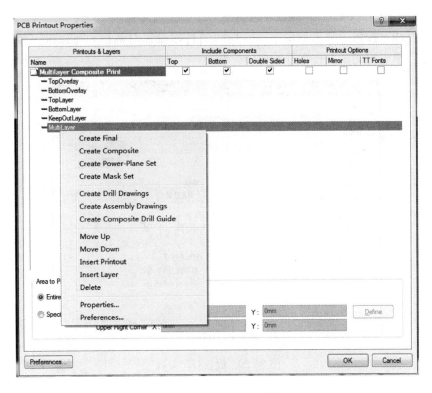

图 9‐18　打印层面对话框

图 9‐19　添加图层对话框

4. 设置打印机和打印

单击"打印"按钮，弹出如图9-20所示的打印设置对话框，可以进一步设置打印参数，设置好后单击"确定"按钮开始打印。

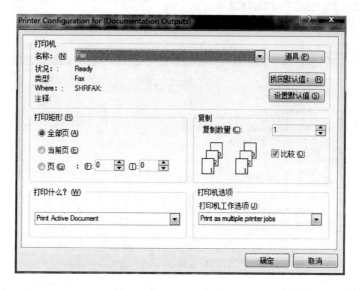

图9-20 设置打印参数

9.5 PCB板制作完成后的进一步检查

（1）元件封装检查。元件封装对于PCB板制作和元件安装至关重要，一般应重点检查三极管、二极管、桥堆、电解电容等有极性元件的管脚排列是否和实际元件一致，如二极管的正负极性连接是否颠倒，三极管的B、C、E极性是否连错，桥堆管脚是否和实物一致、电解电容极性是否正确等。

（2）电气连接检查。以实际电路结构和原理图为依据，逐步检查电源、接地、元器件管脚间的连接情况。

（3）元器件安装位置、定位尺寸检查、安装空间检查。

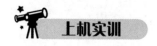

绘制51单片机实验板PCB，并进行优化，得到最终效果图。

电 路 仿 真 分 析

Altium Designer 不但可以绘制原理图和制作印制电路板，而且还提供了电路仿真和 PCB 信号完整性分析工具。用户可以方便地对设计的电路和 PCB 进行信号仿真。本章将讲述 Altium Designer 的电路仿真以及电路仿真分析的基本方法。

10.1 仿真的基本知识

1. 仿真元件

在仿真电路中，只有具有"仿真（Simulation）"属性的元件才可以用于电路仿真，该元件也叫仿真元件，如图 10 - 1 所示。

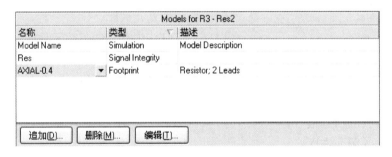

图 10 - 1　元件的仿真属性

如果仿真检查时发现有元件没有定义仿真属性，用户可在图 10 - 1 中单击"追加"按钮，弹出模型选择对话框，在模型类型中选择"Simulation"模型即可，模型选择对话框如图 10 - 2 所示。

2. 仿真激励源

只有在输入信号作用下，仿真电路才会正常工作。该输入信号被称为仿真激励源，在电路原理图中虽然也使用了 VCC 等表示提供电源的节点，但是这些符号仅表示电路连接的电源端子，而并没有真正表示在电路中添加了电源器件。

图 10 - 2　模型选择对话框

3. 网络标号

如果在某个节点上设置网络标号，用户就可以观察该节点上的电压及电流的变化情况。设置网络标号可通过执行菜单命令"放置（Place）"→"网络标签（Net Label）"实现，要注意设置网络标号一定要放在元件引脚的外端点或导线上，否则该节点将不会出现在仿真分析设置对话框中的"Available Signals"列表栏中。

4. 仿真电路原理图

根据仿真元件和仿真激励源绘制的原理图就是仿真电路原理图，也是仿真的对象。

5. 仿真方式

Altium Designer 6.9 提供了多种仿真方式，用户可根据需要来选择电路的仿真方式。

6. 电路仿真的基本流程

加载仿真元件库→选择仿真元件→绘制仿真原理图→对仿真原理图进行 ERC→对仿真器进行设置→电路仿真。

7. 仿真激励源工具栏

Altium Designer 6.9 为仿真提供了一个激励源工具栏，便于用户进行仿真操作。执行菜单命令"查看（View）"→"工具栏（Toolbars）"→"实用工具（Utilities）"，打开实用工具栏，然后选择激励源工具栏，即可得到如图 10-3 所示的仿真激励源工具栏，在仿真时，用户可以从中选取合适的激励源添加到仿真原理图中。

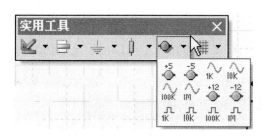

图 10-3 仿真激励源

8. 仿真元件库

Altium Designer 6.9 为用户提供了大部分常用的仿真元件，打开"C：\Program Files\Altium2004\Library\Simulation"目录，可以见到仿真元件库。

（1）仿真数学函数元件库。仿真数学函数元件库（Simulation Math Function. IntLib）中主要是一些仿真数学函数，如求正弦、余弦、反正弦、反余弦、开方、绝对值等。用户可以使用这些函数对电路中的信号进行数学计算，从而获得需要的仿真信号。

（2）仿真信号源元件库。

直流源：直流源用来为仿真电路提供不变的电压或电流激励源，直流源包含了直流电压源和直流电流源两种直流源元件。

正弦波信号源：正弦波信号源用来为仿真电路提供正弦的电压或电流激励源，正弦波信号源包含了正弦波电压源（VSIN）和正弦波电流源（ISIN）两种正弦波信号源元件。

周期脉冲源：周期脉冲源用来为仿真电路提供周期性的连续脉冲电压或电流激励源，周期脉冲源包含了周期脉冲电压源（VPULSE）和周期脉冲电流源（IPULSE）两种周期脉冲源元件。

分段线性源：分段线性源用来为仿真电路提供任意波形的电压或电流激励源，分段线性源包含了分段线性电压源（VPWL）和分段线性电流源（IPWL）两种分段线性源元件。

指数激励源：指数激励源用来为仿真电路提供上升沿或下降沿按指数规律变化的电压或电流激励源，有指数激励电压源（VEXP）和指数激励电流源（IEXP）两种。

单频调频源：单频调频源用来为仿真电路提供单频调频波的电压或电流激励源，单频调频源有电压源（VSFFM）和电流源（ISFFM）两种。

线性受控源：线性受控源有线性电压控制电流源（GSRC）、线性电压控制电压源（ESRC）、线性电流控制电流源（FSRC）、线性电流控制电压源（HSRC）四种。

非线性受控源：非线性受控源在仿真电路中可以由用户定义的函数关系表达式产生所需

的电压或电流激励源，有非线性受控电压源（BVSRC）和非线性受控电流源（BISRC）两种。

（3）仿真专用函数元件库（Simulation Special Function. IntLib）。仿真专用函数元件库中主要是一些专门为信号仿真而设计的运算函数，如增益、积分、微分、求和、电容测量、电感测量及压控振荡源等。

（4）仿真信号传输线元件库。无损耗传输线 LLTRA（Lossless Transmission Line），是理想的双向传输线，有两个端口，其节点定义了端口的正电压极性。

有损耗传输线 LTRA（Lossy Transmission Line），使用两端口响应模型，包含了电阻值、电感值、电容值、长度等参数，这些参数不能直接在原理图文件中设置，但用户可以创建和引用自己的模型文件。

均匀分布传输线 URC（Uniform Distributed Lossy Line），也称为分布 RC 传输线模型，由 URC 传输线的子电路类型扩展内部产生节点的集总 RC 分段网络而获得，RC 各段在几何上是连续的，URC 必须严格地由电阻和电容段构成。

（5）常用元件库。电阻，常用元件库为用户提供了各种类型的电阻，如半导体电阻、抽头电阻、热敏电阻、压敏电阻、定值电阻、可调电阻、电位器等。

电容，常用元件库为用户提供了定值无极性电容、定值有极性电容、半导体电容等类型的电容。

电感，常用元件库为用户提供了定值电感、可调电感、加铁芯的定值电感、加铁芯的可调电感等类型的电感。

二极管，常用元件库为用户提供了普通二极管、肖特基二极管、变容二极管、稳压二极管、发光二极管等类型的二极管。

9. 设置初始状态

（1）节点电压设置。节点电压可以在初始电压设置对话框中设置，在"Model Kind"下拉列表中选择"Initial Condition"选项，然后在"Model Sub Kind"中选择"Initial Node Voltage Guess"选项，然后单击"Parameters"选项卡进行初始电压设置。

在瞬态分析中，一旦设置了参数"Use Initial Conditions"和 IC，瞬态分析就先不进行直流工作点的分析，因而应在 IC 中设定各点的直流电压。如果瞬态分析中没有设置参数"Use Initial Conditions"，那么在瞬态分析前计算直流偏置（初始瞬态）解。这时 IC 设置中指定的节点电压仅当作求解直流工作点时相应的节点的初始值。

（2）特殊元件初始状态的设置。Altium Designer 6.9 在仿真信号源元件库"Simulation Sources. IntLib"中提供了两个特别的初始状态定义符。节点设置 NS（Node Set）和初始条件 IC（Initial Condition）。

10. 仿真器的设置

执行菜单命令"设计（Design）"→"仿真（Simulate）"→"Mixed Sim"，系统将弹出仿真分析设置对话框，如图 10-4 所示。

在图 10-4 所示对话框左边的"分析/选项（Analyses/Options）"列表框中的项目为仿真分析类别，"可用信号（Available Signals）"列表框中显示的是可以进行仿真分析的信号，"活动信号（Active Signals）"列表框中显示的是激活的信号，也就是将要进行仿真分析的信号。用户可以添加或移去激活信号。

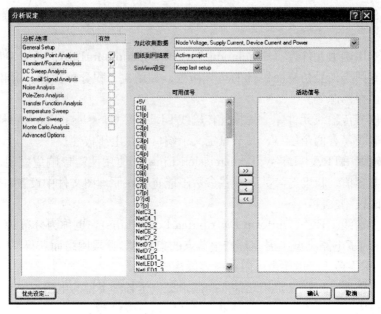

图 10-4　仿真器设置对话框

在对话框右上方的"为此收集数据（Collect Data For）"下拉列表中，有五种不同的数据存储类型。

在对话框的"分析/选项（Analyses/Options）"仿真方式列表框中，最下面有一个高级选项设置"Advanced Options"，该选项中的内容是各种仿真方式要遵循的基本条件，一般不要修改。

在仿真分析设置对话框中选中"Operating Point Analyses"复选框，系统将显示直流工作点分析参数设置对话框，由于工作点分析的仿真参数均来自电路给定的参数，所以不需要用户进行单独设置。直流工作点分析参数设置对话框如图 10-5 所示。

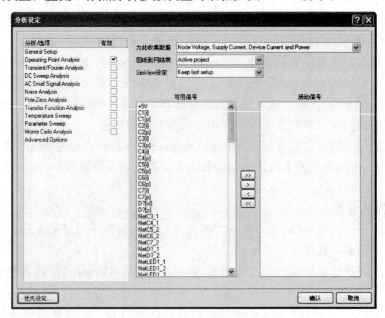

图 10-5　直流工作点分析参数设置对话框

10.2 仿真分析设置

1. 瞬态傅里叶特性分析

瞬态特性分析（Transient Analysis）是在从时间零开始到用户设定的终止时间范围内进行的，属于时域分析，通过瞬态分析系统将输出各个节点电压、电流及元件消耗功率等参数随时间变化的曲线。

瞬态分析在时间零和开始时间之间只分析但并不保存结果，而在用户设定的开始时间（Start Time）和终止时间（Stop Time）之间才既分析并同时保存结果，用于最后输出。

傅里叶特性分析（Fourier Analysis）是瞬态分析的一部分，属于频谱分析，可以与瞬态分析同步，主要用来分析电路中各个非正弦波的激励和节点的频谱，以获得电路中的基频、直流分量、谐波等参数。在每次进行傅里叶分析后，分析得到的谐波的幅值和相位的详细信息都将保存在项目输出文件夹中的"ProjectName.sim"文件中，并显示在主窗口中。

在仿真分析设置对话框（见图 10-4）中选中"Transient/Fourier Analysis"复选框，系统会弹出瞬态/傅里叶特性分析参数设置对话框，如图 10-6 所示。

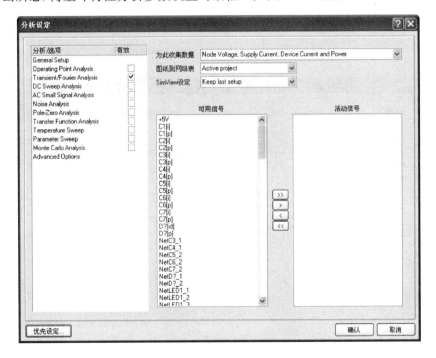

图 10-6 瞬态/傅里叶特性分析参数设置对话框

2. 直流扫描分析

在仿真分析设置对话框中选中"DC Sweep Analysis"复选框，系统将弹出直流扫描分析参数设置对话框，供参数设置，如图 10-7 所示。

3. 交流小信号分析

在仿真分析设置对话框中选中"AC Small Signal Analysis"复选框，系统将弹出交流小信号分析参数设置对话框，如图 10-8 所示。

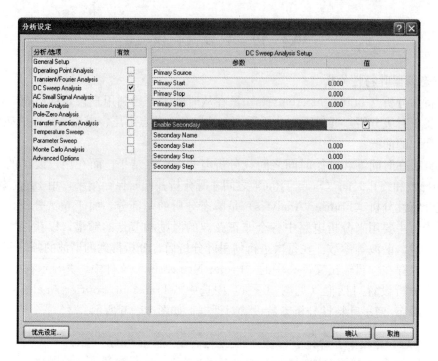

图 10-7 直流扫描分析参数设置对话框

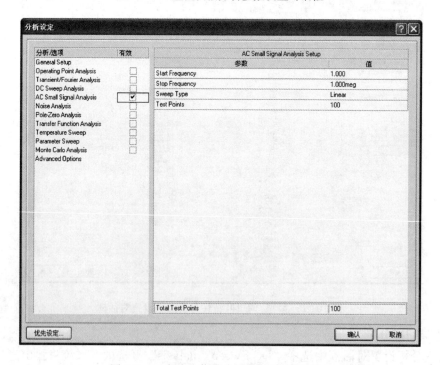

图 10-8 交流小信号分析参数设置对话框

4. 噪声分析

在仿真分析设置对话框中选中"Noise Analysis"复选框，系统将弹出噪声分析参数设置对话框，如图 10-9 所示。

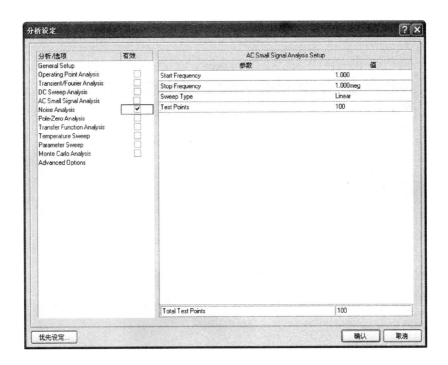

图 10 - 9　噪声分析参数设置对话框

5. 极点—零点分析

在仿真分析设置对话框中选中"Pole‐Zero Analysis"复选框，系统将弹出极点—零点分析参数设置对话框，如图 10‐10 所示。

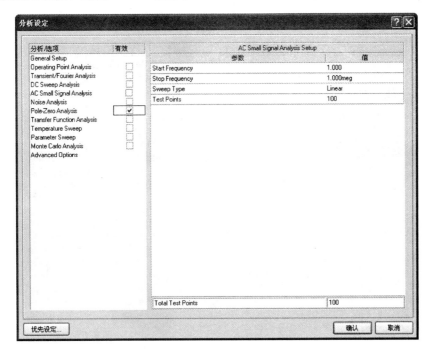

图 10 - 10　极点—零点分析参数设置对话框

6. 传递函数分析

在仿真分析设置对话框中选中"Transfer Function Analysis"复选框，系统将弹出传递函数分析参数设置对话框，如图 10－11 所示。

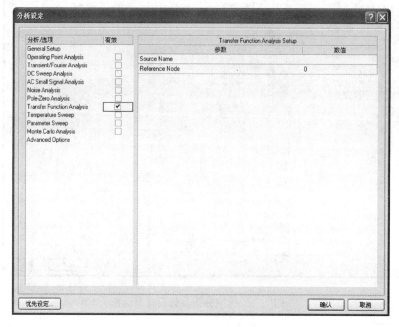

图 10－11　传递函数分析参数设置对话框

7. 温度扫描分析

在仿真分析设置对话框中选中"Temperature Sweep"复选框，系统将弹出温度扫描分析参数设置对话框，如图 10－12 所示。

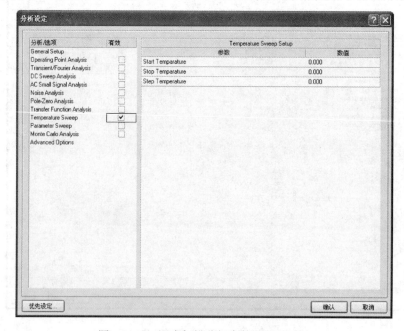

图 10－12　温度扫描分析参数设置对话框

8. 参数扫描分析

在仿真分析设置对话框中选中"Parameter Sweep"复选框，系统将弹出参数扫描分析参数设置对话框，如图 10 - 13 所示。

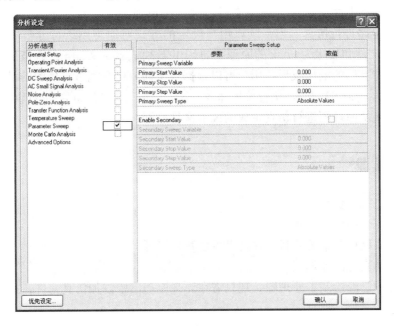

图 10 - 13　参数扫描分析参数设置对话框

9. 蒙特卡罗分析

在仿真分析设置对话框中选中"Monte Carlo Analysis"复选框，系统将弹出蒙特卡罗分析参数设置对话框，如图 10 - 14 所示。

图 10 - 14　蒙特卡罗分析参数设置对话框

10.3 仿 真 运 行

电路仿真，在上面的步骤全部完成后，执行菜单命令"设计"→"仿真"→"Mixed Sim"，可以对电路进行仿真。当系统以用户设定的方式对原理图进行分析后，将生成后缀为 .sdf 的输出文件和后缀为 .nsx 的原理图的 SPICE 模式表示文件，并在波形显示器中显示用户设定节点仿真后的输出波形，用户可以根据该文件分析并完善原理图的设计。

打开后缀为 .nsx 的文件，执行菜单命令"Simulate"→"Run"，也可以实现电路仿真，这种方式和直接从原理图进行仿真生成的波形文件相同。

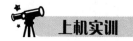

串联稳压电源的仿真。

（1）打开或者新建一个项目。

建立好的串联稳压电源项目，在这里可以直接打开。

（2）绘制仿真电路原理图。

前面任务中已经绘制了原理图，现只需在原来原理图中添加仿真元件，如图所示。

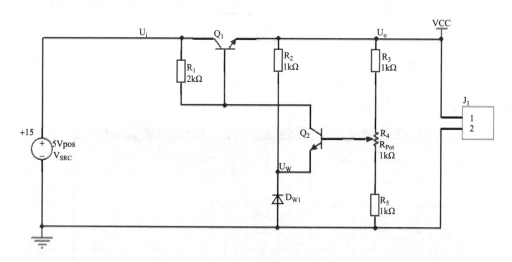

（3）设置仿真节点。

如上图中，设置三个仿真节点：U_i、U_o、U_w。

（4）设置仿真器。

设置直流静态工作点分析。

（5）运行电路仿真。

第 11 章 //

PCB 电路板制作工艺

11.1 PCB 电 路 板 制 板 检 查

进行 PCB 电路板实际制作之前，必须再次检查 PCB 设计是否合理，检查项目如下：

（1）检查 PCB 布局正确、合理。

（2）根据实际元件为各原理图元件输入合适的引脚封装。

（3）根据电器外壳尺寸或设计要求规划 PCB 电路板的形状和尺寸。

（4）根据 PCB 电路板元件密度高低和布线复杂程度确定电路板的种类。

（5）测量电路中有定位要求元件的定位尺寸，如电位器、各种插孔距离电路板边框的距离，安装孔的尺寸和定位等。

11.2 PCB 文 件 做 预 处 理

（1）首先制定若干标准。

1）PCB 外形及开槽等采用 Mechanical 1（机械 1 层）。

2）PCB 尺寸标注为 Mechanical 2（机械 2 层）或者设为 Mechanical 4（机械 4 层）。

3）PCB 碳膜层为 Mechanical 3（机械 3 层），特别说明在 PCB 的拼板文件 Mechanical 1 外必须增加对该层的描述，描述内容为 Carbon Layer，并且文字与碳膜在同一层。

（2）在生成 Gerber 文件之前，需要对原始的 PCB 文件做预处理，下面说明几个常见的预处理。

1）增加 PCB 工艺边。

2）增加邮票孔。

3）增加机插孔。

4）增加贴片用的定位孔，这个定位孔正常也可以单板 PCB 文件中添加。

5）增加钻孔描述：首先在 Drill Drawing（钻孔描述层）增加一个字符串（见图 11 - 1），设定 TEXT 内容为 .Legend，该字符串放置在 PCB 图的机械层外边合适的位置，当生成 Gerber 文件时该处将会标识出钻孔孔径的大小数量等信息，这些信息不能在 Mechanical1 层内。

6）增加尺寸标注：尺寸标注要求放置在 Mechanical 2（机械 2 层），尺寸标注主要用于进厂检验使用。

7）设定原点：单击"Edit"→"Origin"→"Set"一般原点设置外形的左下角。

PCB 图检查、预处理后，就可以用 CAM350、WD2000、Create DCM 等操作软件生成 Gerber 文件、钻孔文件、制作底片等前期准备工作。

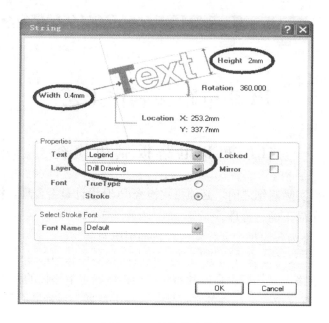

图 11 - 1   钻孔描述信息

11.2.1   Gerber 文件的生成

下面以 U 盘双面板为例，开始进行 Gerber 文件的生成。

（1）新建 Gerber 文件，在 PCB 设计环境中选择 "File" → "Fabrication Outputs" → "Gerber Files"，如图 11 - 2 所示。

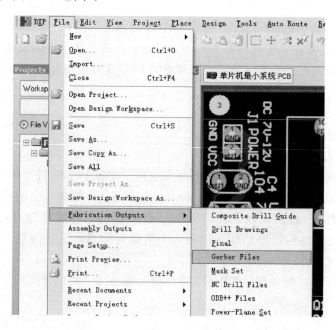

图 11 - 2   新建 Gerber 文件界面

（2）General 设置，一般情况下精度要求不是很高，所以一般设置如图 11 - 3 所示。

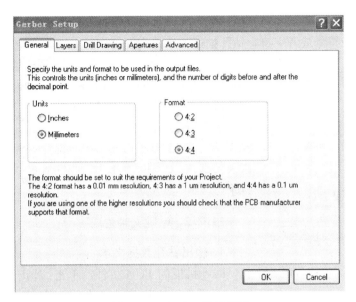

图 11－3　Gerber 设置界面

（3）Layers 设置，选择你所需要的 Layers，如图 11－4 所示，双面板制作需要选择顶层线路 "Top Layer"（信号层）、底层线路 "Bottom Layer"（信号层）、"Top Overlay"（顶层丝印层）、"Top paste Mask"（顶层阻焊层）、"Bottom paste Mask"（底层阻焊层）、"Keep out layer"（禁止布线层），"Mechanical 1" 是外形层，所以必须选择，"Mechanical 4" 是尺寸标注，所以也必须选择，要注意的是如果有碳膜层，该层也记得选择，正常来说 "Mechanical 1" 可以在所有层中应用，因此 "Plot" 选项下要全勾上。其中，"Plot" 表示层；"Mirror" 表示镜像。

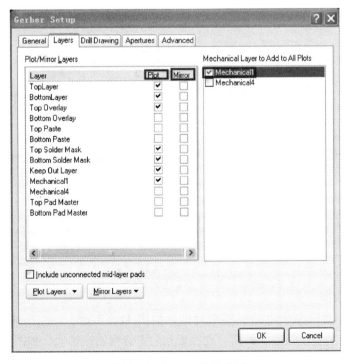

图 11－4　Layers 设置界面

（4）钻孔文件，主要提示钻孔描述的方案及字符高度，可选图像符号/字符/孔径尺寸三种，推荐选择图像符号或者字符，钻孔描述的字符高度可设置为1.5，以便打印后检验。

图 11-5　导出 Gerber 界面

（5）Apertures 和 Advanced 都采用默认方式即可。

（6）单击"OK"，即生成 CAM 文件。

（7）单击"File"→"Export"→"Gerber"，弹出如图 11-5 所示界面。

（8）图 11-5 中 Format 设置为 RS-274-X。其他可以采用默认，单击"OK"，把 Gerber 文件保存到指定的目录。

11.2.2　钻孔文件生成

1. 输出钻孔数据文本

回到拼板的 PCB 文件，单击"File"→"Fabrication Outputs"→"NC Drill Files"，如图 11-6 中 Units 与 Format 与上文 Gerber 文件设置相同。其他按默认设置不变。完成设置后同样导出保存。

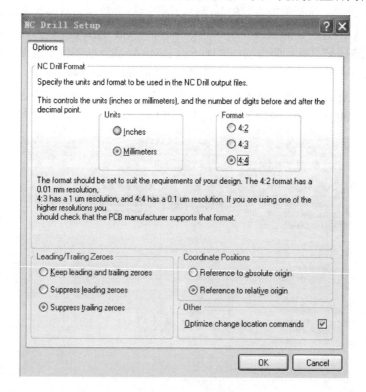

图 11-6　NC Drill 设置

2. 生成钻孔数据

打开 Create-DCM 双面电路板雕刻软件，如图 11-7 所示，打开刚导出的钻孔数据，默认为底层钻孔。检查线路层、焊盘、孔径无误后，选择钻孔选项，如图 11-8 所示，执行以下操作。

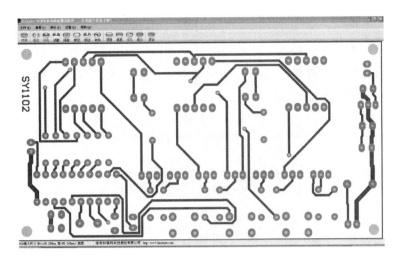

图 11 - 7　Create - DCM 双面电路板雕刻软件

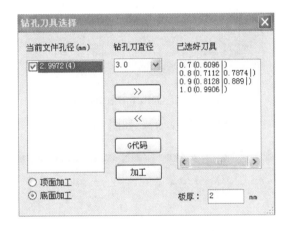

图 11 - 8　钻孔刀具选择面板

（1）设置为底面加工。

（2）板厚设置成 1.8~2mm（以实际覆铜板的板厚为依据）。

（3）勾上当前文件孔径（mm），再根据孔径选定合适的钻孔刀直径（注意：钻孔刀直径要大于或等于当前文件孔径）。

（4）所有孔径都选定了合适的钻孔刀后，选择 G 代码选项。出现一个保存界面，选择保存路径即可。

最后，需要钻孔的时候把刚生成的钻孔数据复制到电路板雕刻机中，可以开始钻孔了。

11.3　底　片　制　作

底片制作是图形转移的基础，根据底片输出方式可分为底片打印输出和光绘输出，本节将分别介绍两种底片制作方法。

11.3.1 光绘底片

打开 WD2000 光绘系统软件，执行命令"F 文件"→"D 拼版打开"，打开之前导出 Gerber 数据所在文件夹，选择将要光绘的层，双层板为 GBL、GTL、GBS、GTS、GTO，共 5 层。弹出对话框如图 11-9 所示。

图 11-9　Gerber 参数对话框

连续单击"确定"5 次（共导出 5 层）后，如图 11-10 所示。

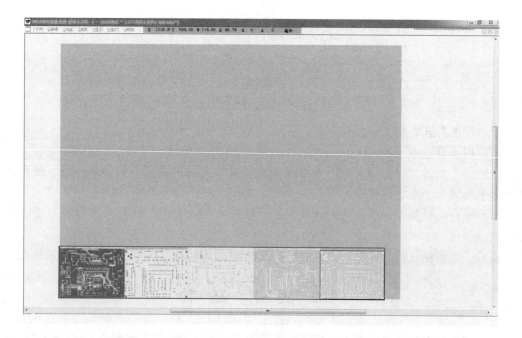

图 11-10　拼版前视图

对各层进行排版布局，必须在蓝色区域内，单击"Page Up""Page Down"可分别对视图进行放大、缩小。在此注意：选中字符层（GTO），执行命令"选择"→"负片"，选中底层（GBL）、底层阻焊层（GBS），执行命令"选择"→"镜像"→"水平"。排版完成后，得到图 11 - 11。

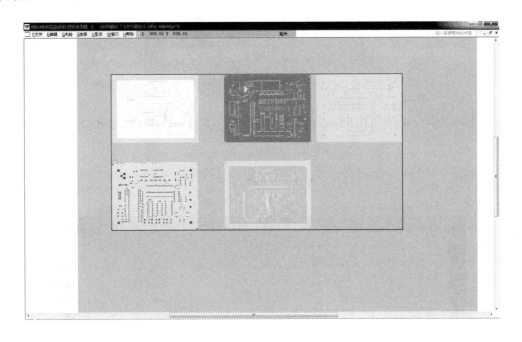

图 11 - 11　排版后视图

这里光绘设备采用的是科瑞特公司生产的 LGP2000 激光光绘机，联机后，启动负压泵，关闭电脑显示器再装片操作。手动上片时，药膜面朝外（底片缺口在左上），并确保底片与滚筒紧密吸合，无漏气现象，防止飞片，待激光光绘机显示屏显示"按确认键开始"后单击"确认"键启动照排机。

返回光绘软件主界面，执行命令"F 文件"→"E 输出"，选择直接输出方式；照排完毕后，激光光绘机显示"照排结束"。单击"确认"键后，停止照排；待滚筒停止运转后，取出底片，注意此时的底片不能见光。

将底片送入自动冲片机，该处采用湖南科瑞特股份有限公司生产的 AWM3000 自动冲片机，经过显影、定影后，就完成了印制电路板底片的制作，此时底片可以见光。

具体参数设置如下：显影液温度为 32℃，定影液温度设为 32℃，烤板温度设为 52℃，走片时间设为 48s。

11.3.2　激光打印底片

这里打印设备采用的是惠普公司生产的 HP5200L 激光打印机，打印时注意，图形要打印在药膜面。

（1）用 Cam350 导入 Gerber 文件，过程如图 11 - 12～图 11 - 14 所示。

（2）选择需要打印的层。执行"Tables"→"Composites"命令，出现如图 11 - 15 所示 Composites 对话框。

图 11 - 12　导入 Gerber 文件

图 11 - 13　选择 Gerber 文件

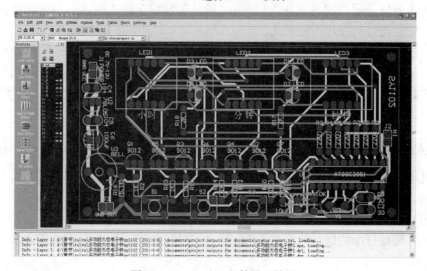

图 11 - 14　Gerber 文件导入结果

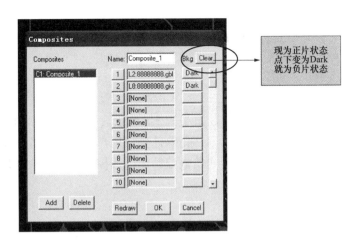

图 11 - 15　Composites 对话框

注意：双面板需要选择顶层阻焊：＊GTS＆＊GKO、底层阻焊：＊GBS＆＊GKO；顶层线路：＊GTL＆＊GKO、底层线路：＊GBL＆＊GKO；顶层字符：＊GTO＆＊GKO；字符层必须选择负片。

（3）打印设置步骤。执行"File"→"Print"命令，如图 11 - 16，弹出打印设置对话框，按图 11 - 17 进行设置。

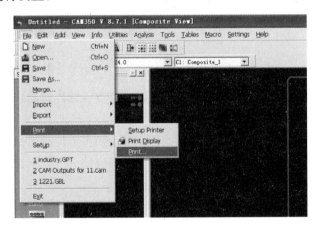

图 11 - 16　打印选项

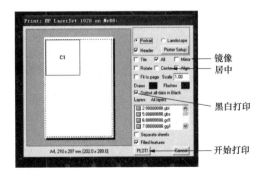

图 11 - 17　打印设置

11.4 PCB 工业制板各工艺环节

11.4.1 钻孔

Create-DCD3000 全自动数控钻床，如图 11-8 所示，能根据 PROTEL 生成的 PCB 文件的钻孔信息，快速、精确地完成定位、钻孔等任务。用户只需在计算机上完成 PCB 文件设计并将其通过 RS-232 串行通信口传送给数控钻床，数控钻床就能快速地完成终点定位、分批钻孔等动作。

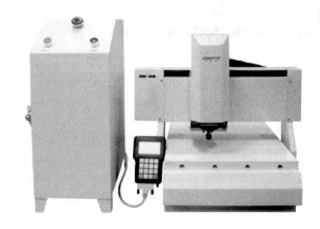

图 11-18　Create-DCD3000 全自动数控钻床

其操作步骤：放置并固定覆铜板→手动任意定位原点→软件自动定位终点→调节钻头高度→按序选择孔径规格→分批钻孔。

基本钻孔流程：导出原始文件→固定覆铜板→手动初步定位起始原点→软件微调→调节钻头高度→软件设置原点→按序选择孔径规格并上好相应钻头→分批钻孔。

1. 导出原始文件

数控钻程序支持 Protel PCB 2.8 ASCII File（∗.PCB）和 NC Drill（Generates NC drill files）两种格式的文件。

2. 放置覆铜板

将待钻孔的覆铜板平放在数控钻床平台的有效钻孔区域内，并用单面纸胶带固定覆铜板。

3. 手动定制原点

用手拖动主轴电动机和底板，将其移动到适当的位置（注意：用手动拖动主轴电动机及底版之前务必将数控钻床总电源关闭），钻头垂直对准的点就是原点。打开电源调节 Z 轴高度，使得钻头尖和覆铜板高度在 1.5～2mm。单击控制软件的"设置原点"按钮，按钮前调整主轴左移/主轴右移或底板前移/底板后移的偏移量来完成原点位置的调整。

4. 分批钻孔

原点、终点设置完后，按顺序选择所需钻孔的孔径，接下来就开始分批钻孔。钻孔前，应先调整钻头的高度，使钻头尖距离待钻的覆铜板平面的垂直距离在 0.5mm 左右，然后，按下"钻孔"按钮，即开始第一批孔的钻取。第一批孔钻完后，数控钻主轴及底板操作平台即自动回到设置的原点位置，这时，需关闭主轴电动机电源开关（注意：请勿关闭数控钻床总电源开关，否则需重新定位），待钻头停止旋转后，更换所选择待钻孔径相应的钻头，打开主轴电动机电源开关，单击"钻孔"按钮，即可完成该批孔的钻孔工作，后续不同的孔径钻孔可依照此方法进行。

11.4.2　抛光

图 11-19 所示抛光机主要用于 PCB 基板表面抛光处理，清除板基表面的污垢及孔内的粉屑，为化学沉铜工艺做准备。

（1）准备工件（如 PCB 板）。

注意：如果材料表面出现有胶质材料、油墨、机油、严重氧化等，请先人工对材料进行预处理，以免损坏机器。

（2）连接好电路板抛光机电源线，并打开进水阀门。如图 11-19 所示。

（3）按下面板上"刷辊"、"市水"及"传动"按钮，刷光机开始运行。

（4）调节刷光机上侧压力调节旋钮。

增大压力：旋钮往标识"紧"方向旋转。

减小压力：旋钮往标识"松"方向旋转。

（5）进料。将工件（如 PCB 板）平放在送料台上，轻轻用手推送到位，随后转动组件自动完成传送。

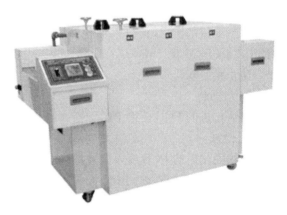

图 11-19　电路板抛光机

注意：多个工件加工时，相互之间保留一定的间隙。

（6）完成抛光。抛光机后部有出料台，工件会自动弹出到出料台。

注意：出料后请及时取回工件。

11.4.3　金属过孔

钻好孔的覆铜板经过化学沉铜工艺后，其玻璃纤维基板的孔壁已附上薄薄的一层铜，具有较好的导电性，为化学镀铜提供了必要条件。由于化学沉铜粘附的铜厚度很薄，且结合力不强，因此需要采用镀铜机，如图 11-20 所示，通过化学镀铜的方法使孔壁铜层加厚、结合力加强。

1. 通电

打开电源开关，系统自检测试通过后进入等待启动工作状态，预浸指示灯快速闪动，预浸液开始加热，当加热到适宜温度时，预浸指示灯长亮，同时蜂鸣器发出"嘀、嘀"两声，表示预浸工序已准备好。

图 11-20 镀铜机

2. 整孔

将钻好孔的双面覆铜板进行表面处理，用抛光机或纱布将覆铜板表面氧化层打磨干净，观察孔内壁是否有孔塞现象，若有孔塞，则用细针疏通，因为孔塞会对沉铜和镀铜的过程中赌孔，影响金属过孔的效果。

3. 预浸

将整孔后的双面板用细不锈钢丝穿好，放入预浸液中，按下"预浸"按钮，开始预浸工序，预浸指示灯呈现亮和灭的周期性变化，当工序完毕时，蜂鸣器将长鸣，表示预浸工序完毕，此时按一下"预浸"按钮，蜂鸣器将停止报警，并等待再次启动工作；然后将PCB板从预浸液中取出，敲动几下，将孔内的积水除净。

4. 活化

将预浸过的PCB板放入活化液中，按"活化"按钮，开始活化工液，当活化完毕后，将PCB板轻轻抖动1min左右取出，一两分钟后将板在容器边上敲动，使多余的活化液溢出，防止膜后塞孔。

5. 热固化

将活化过的PCB板置于烘干箱（温度为100℃）内进行热固化5min。

6. 微蚀

将热固化后的PCB放入微蚀液中，按"微蚀"按钮，开始微蚀工序，微蚀完毕后，将PCB板从微蚀液中取出，用清水冲净表面多余的活化液。

7. 加速

将微蚀后的PCB板放入加速液中摆动几下，取出。

8. 镀铜

将加速后的PCB板用夹具夹好，挂在电镀负极上，调节电流调节旋钮，电流大小需根据PCB面积大小确定（以$1.5A/dm^2$计算），电镀半小时左右，取出可观察到孔内壁均匀地镀上了一层光亮、致密的铜。

9. 清洗

将从镀铜液里取出来的PCB板用清水冲洗，将PCB板上的镀铜液冲洗干净。

10. 油墨印刷

为制作高精度的电路板，传统热转移方法及传统烘烤型油墨和干膜法已不适应精密电路板的制作，为此需采用最新的专用液态感光线路油墨（具有强抗电镀性）来制作高精度的电路板，图11-21所示为线路板油墨印刷机。

操作步骤：表面清洁→固定丝网框→粘边角垫板→放料→调节丝网框的高度→刮油墨。

图 11-21 电路板油墨印刷机

（1）表面清洁：将丝印台有机玻璃台面上的污点用酒精清洗干净。

（2）固定丝网框：将做好图形的丝网框固定在丝印台上，用固定旋钮拧紧。

（3）粘边角垫板：在丝印机底板粘上边角垫板，主要用于刮双面板，刮完一面再刮另一面时，防止刮好油墨的 PCB 板与工作台摩擦使油墨损坏。

（4）放料：把需要刮油墨的覆铜板放上去。

（5）调节丝网框的高度：调节丝网框的高度主要是为了在刮油墨时不让网与板粘在一起，用手按网框，感觉有点向上的弹性即可，这样即可使网与板之间有反弹性，使网与板分离。

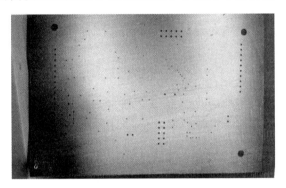

（6）刮油墨：在有丝网上涂上一层油墨，一手拿刮刀，一手压紧丝网框，刮刀以 45°倾角顺势刮过来；揭起丝网框，即实现了一次油墨印刷。

刮完一面反过来刮另一面即可。效果如图 11－22 所示。

图 11－22　电路板油墨

注意，在刮油墨时，力度一定要一致，速度要均匀，刷过油墨的丝网框要马上用洗网水清洗。

11.4.4　烘干

刮好感光油墨的电路板需要放置在油墨固化机（见图 11－23）烘干，根据感光油墨特性，烘干机温度设置为 75℃，时间为 15min 左右。

图 11－23　油墨固化机

其操作步骤：放置电路板→设定温度、时间。

注意，刮好感光油墨的电路板要斜靠在烘干机内，烘干后放置时间不超过 12h，否则对后续曝光有影响。

11.4.5　曝光

电路板油墨烘干后，可进行曝光操作，将图 11－24 所示的曝光机的定位光源打开，通过定位孔将底片与曝光板一面（底片按照有形面朝下，背图形面朝上的方法放置）用透明胶固定好，同时确保板件其他孔与底片的孔重合。然后按相同方法固定另一面底片。将板件放在干净的曝光机上玻璃面上，盖上曝光机盖并扣紧，关闭进气阀，设置曝光机的真空时间为 10s，曝光时间 60s。开启电源并按"启动"键，真空抽气机抽真空，10s 后曝光开始，待曝光灯熄灭，曝光完成。打开排气阀，松开上盖扣紧锁，取出板件然后继续曝光另一面。

注意，曝光机不能连续曝光，中间间隔至少 3min。

11.4.6　显影

显影是将没有曝光的湿膜层部分除去得到所需电路图形的过程。要严格控制显影液的浓度和温度，显影液浓度太高或太低都易造成显影不净。显影时间过长或显影温度过高，会对湿膜表面造成劣化，在电镀或碱性蚀刻时出现严重的渗度或侧蚀。图 11-25 所示为线路板显影机，图 11-26 所示为显影后的覆铜板。

图 11-24 曝光机

图 11-25 电路板显影机

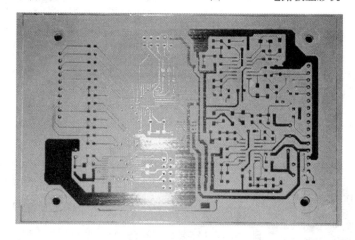

图 11-26 显影后的覆铜板

加热指示灯：加热状态显示为红色，恒温状态显示为绿色。

加热开关：按下开关，加热管对液体进行加热。当液体温度达到 40℃ 左右，进入恒温状态。加热管停止加热，加热指示灯亮绿灯。

对流开关：按下开关，气泵工作。

对流指示灯：按下对流开关，对流指示灯亮。

注意，为了延长显影液与气泵的寿命，在不显影工作时，请及时关闭对流开关。

11.4.7 镀锡

化学电镀锡主要是在电路板部分镀上一层锡，用来保护电路板部分不被蚀刻液腐蚀，同时增强电路板的可焊接性。镀锡与镀铜原理一样，只不过镀铜是整板镀，而镀锡只镀电路部分。图 11-27 所示为镀锡机，镀锡效果如图 11-28 所示。

图 11‐27　镀锡机

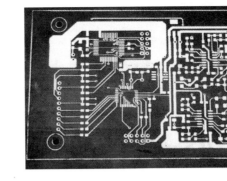

图 11‐28　电路板镀锡效果

注意，如果部分线路镀不上锡，应检查夹具与电路板是否接触不良或是线路部分是否有油。解决方法如下：

（1）用刀片在电路板边框外刮掉油墨，再用夹具夹上即可。

（2）如果以上方法还是不可以解决问题，需要把电路板放入碱性液里浸泡30s，然后再镀锡。

11.4.8　脱膜

因经过镀锡后留下的油墨需全部去掉才能显示出铜层，而这些铜层都是非线路部分，需要蚀刻掉。蚀刻前需要把电路板上所有的油墨清洗掉，显影出非线路铜层。图 11‐29 所示为脱膜机，脱膜效果如图 11‐30 所示（用30～40℃的热水加油墨去膜粉调和，脱膜后用水洗干净）。

图 11‐29　脱膜机

图 11‐30　电路板脱膜效果

11.4.9　腐蚀

电路板经过脱膜操作后，就可以在腐蚀机（见图 11‐31）上进行腐蚀操作，将电路板上不需要的铜腐蚀掉。具体操作步骤如下。

（1）设置工作温度。将腐蚀机通电，通过温度设置，设置蚀刻温度。

（2）腐蚀。将 PCB 板放入进板处，点击"运行"。PCB 板自动进入蚀刻区，进行腐蚀。

（3）清洗。腐蚀后的 PCB 板进入水洗槽中清洗，将粘附在板上的腐蚀液用水清洗干净。

（4）褪锡。将腐蚀后的 PCB 板通过褪锡设备进行褪锡。

11.4.10　阻焊油墨

阻焊油墨适用于双面及多层印制电路板。硬化后具有优良的绝缘性，耐热性及耐化性，可耐热风整平，与线路油墨刮的方法完全一样。效果如图 11 - 32 所示。

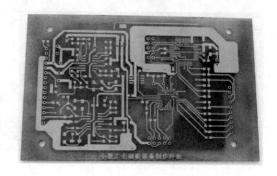

图 11 - 31　腐蚀机　　　　　　　　　　　图 11 - 32　腐蚀效果

刮完阻焊油墨之后需要烘干，烘干温度为 75℃，时间为 20min。实际操作中，可根据阻焊印制厚度的不同，设定合适的烘干参数。

阻焊曝光：方法与电路感光油墨曝光一样。只是时间有所不同，真空时间为 15s，曝光时间为 120s。

阻焊显影：阻焊显影是将要焊接的部分全部显影出金属，方便焊接。与线路显影方法完全一样。效果如图 11 - 33 所示。

11.4.11　字符油墨

字符油墨适用于双面及多层印刷线路板。硬化后具有优良的绝缘性，耐热性及耐化性，可耐热风整平，与线路油墨刮的方法完全一样。刮完字符油墨之后需要烘干，烘干温度为 75℃，时间约为 20min。

字符曝光：方法与线路感光油墨、阻焊油墨曝光一样。只是时间有所不同，真空时间为 15s，曝光时间约为 100s 左右。

图 11 - 33　阻焊显影效果

字符显影：字符显影是将要字符层信息显示在 PCB 板上。

字符固化（烘干）：为保证线路板在高温下的可焊接性，再一次固化电路板，有两种固化方法：常温固化和烘干固化。固化时间根据不同的油墨而有差异，由于常温固化时间太长，一般使用烘干固化，油墨固化时间为 30min，温度为 120℃ 左右。

11.5　四种印制电路板制作工艺流程

11.5.1　热转印制电路板流程

如图 11 - 34 所示为热转印制电路板流程。

热转印制板特点如下：

（1）制板速度快。

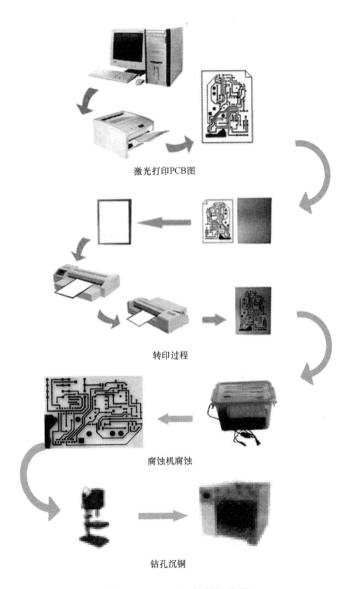

激光打印PCB图

转印过程

腐蚀机腐蚀

钻孔沉铜

图 11 - 34　热转印制板流程

（2）制板成本低廉。

（3）具有较高的制板精度（最小线径、线隙为 6mil）。

（4）采用环保蚀刻工艺，无色无味，无污染。

（5）采用新型化学沉镍过孔工艺，操作简单，工艺时间短，过孔成功率高。

（6）特别适合电子竞赛、电子制作、课程设计、毕业设计等 PCB 板制作。

11.5.2　曝光制板流程

如图 11 - 35 所示为曝光制板流程。

曝光制板特点如下：

（1）制板速度快。

（2）制板材料成本相对较高（感光板）。

（3）制板精度高（最小线径、线隙为 4mil）。

（4）采用环保蚀刻工艺，无色无味，无污染。

（5）采用新型化学沉镍过孔工艺，操作简单，工艺时间短，过孔成功率高。

（6）增配线路板丝印机和油墨固化机，自制感光板，可大大降低制板材料成本，实现最高性价比配置方案。

（7）特别适合电子竞赛、电子制作、课程设计、毕业设计等 PCB 板制作。

11.5.3 雕刻制板流程

如图 11-36 所示为雕刻板工艺流程。

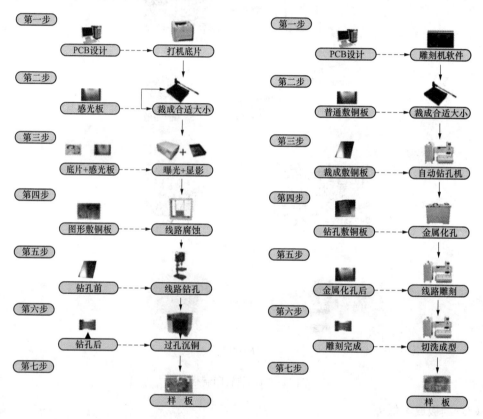

图 11-35　曝光制板流程　　　　　　图 11-36　雕刻制板工艺流程

雕刻制板特点如下：

（1）PCB 制板自动化程度高，工艺简单，环保无腐蚀，无任何污染。

（2）PCB 制板速度一般。

（3）PCB 制板材料成本相对较高（刀具损耗）。

（4）PCB 制板精度一般（最小线径、线隙为 8mil）。

（5）适合电子制作、研发项目等简单 PCB 板制作。

11.5.4 工业级 PCB 制板流程

如图 11 - 37 所示为工业级快速制板标准流程。

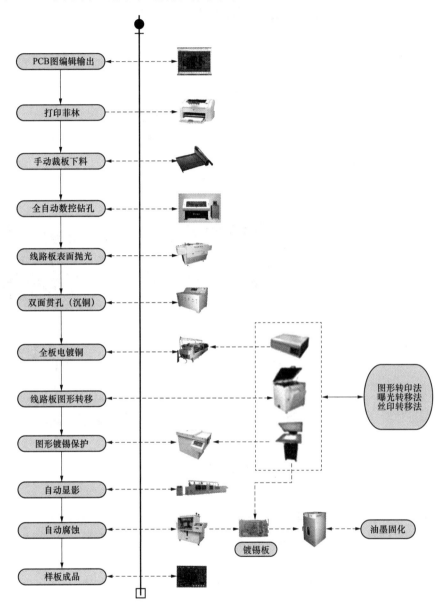

图 11 - 37 工业级快速制板标准流程

工业级 PCB 制板特点：

（1）制板速度快，一天能完成数百块以上的制板量。

（2）制板精度高，线路板的线宽、线隙能达到 3mil 以下，能完全满足工业级的需求。

（3）制板工序全，裁板、数控钻孔、刷板、沉铜、丝印图形、曝光、显影、镀铜到镀锡、腐蚀、丝印阻焊、丝印文字等工序一应俱全。

（4）制板成本低，所有制板用材料全部为工业常用制板材料，价格低廉，购买方便。

（5）解决问题能力强，能帮助学校有效完成学生课题设计、毕业设计、电子技能竞赛、科研工作等多项快速制板任务，同时也可以对外承接制板业务。

11.6 热转印制作单面 PCB 板

（1）主要器材的准备。

1）热转印机（相片过塑机）实在没有也可以用老式电熨斗，如图 11-38（a）所示。

2）激光打印机，如图 11-38（b）所示。

3）微型电钻（最好用微型台钻），如图 11-38（c）所示。

4）热转印纸（亦可用广告不干胶贴纸的底板纸），如图 11-38（d）所示。

5）阻焊绿油（如果条件具备），如图 11-38（e）所示。

6）蚀刻药品为三氯化铁一瓶，如图 11-38（f）所示。

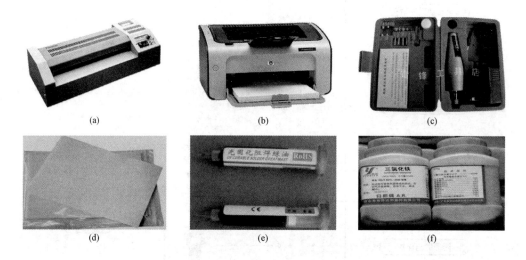

图 11-38　热转印制板所需设备及材料

（2）操作过程。

1）Altium Designer 软件打印设置。在 Altium Designer 里画完 PCB 图后，用激光打印机在热转印纸上分别打印底层、顶层、底层阻焊层和顶层阻焊层四个 PCB 图层。具体方法如下。

①打开 PCB 文件，执行"File"→"Page setup"命令进入如图 11-39 所示的打印属性设置对话框。

②进入设置对话框，在"Scaling \ Scale Mode"下拉条中选择"Scale Print"，"Size"可以选择使用纸张。"Scale"中可以设置打印比例为 1.00，即所谓的 1∶1 打印。可以单击进入"Preview"预览即将打印的 PCB。

③要打印 PCB 指定层，在图 11-39 中选择"Advanced…"，弹出如图 11-40 所示对话框。当前显示的层均为打印层，如果不需要打印图 11-40 显示的某一个层，则选中该层后右键单击"Delete"，即可删除该层，如图 11-41、图 11-42 所示。

图 11‐39　打印属性设置

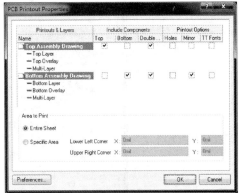

图 11‐40　PCB 打印层设置对话框

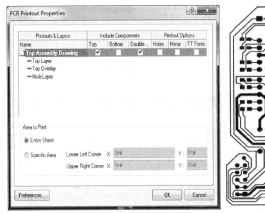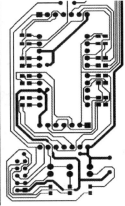

图 11‐41　底层打印设置及预览

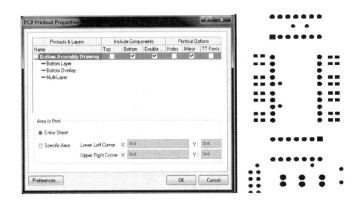

图 11‐42　底层焊盘层预览

④如果需要打印的图层未出现，则在图中单击右键选择 "Insert Layer"，弹出如图 11‐43 所示的对话框。选择需要添加的层，然后单击 "OK"。

⑤选择好所有要打印的层，然后最好设置一下各个层的打印色彩（必须设置成黑白色），选择 "Preference…" 进入图 11‐44 进行设置。

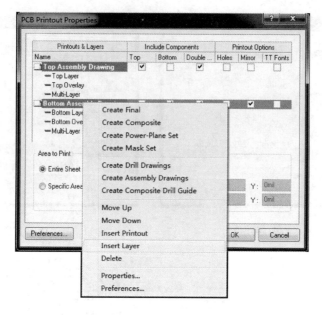

图 11‑43　添加打印层

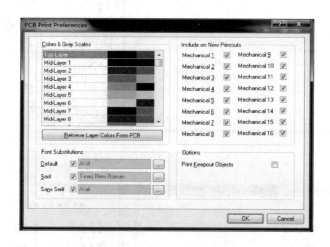

图 11‑44　设置打印色彩

2）将热转印纸放入打印机开始打印，打印出来的效果如图 11‑45 所示，这就是要转印到敷铜板上的底稿了，注意要轻拿轻放，不要把纸上的碳粉弄掉了。

3）打印完毕就准备转印工作了，因为我们要做的 PCB 是有阻焊膜的，为了方便揭膜在敷铜板下料时每边要留出 3～5mm 的余量，用细砂纸打磨干净。下面这一步将直接影响到转印的质量：取少量的三氯化铁或者是以前用过的废液，把打磨好的板子放进去，用毛刷在铜箔上轻轻刷几遍，马上取出用水冲干净，晾干，铜箔会变成如图 11‑46 所示颜色。这一步的目的是为了让铜箔表面粗糙从而更好地吸附油墨。做这一步之前把热转印机电源打开预热，温度设置在 170℃左右，准备转印。

4）将打印好的底稿有墨的一面与敷铜板叠放在一起，就像过塑相片一样送入热转印机转印，如图 11‑47 所示，重复此过程 5～8 次后取出。待其自然冷却再缓缓解开热转印纸，

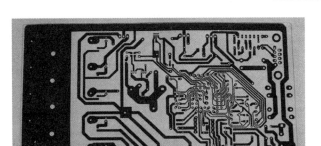

图 11-45　热转印纸打印出来的效果

图 11-46　经过处理后的敷铜板

这时你会发现纸上的墨粉完全被转到敷铜板上了，如图 11-48 所示。如果发现有断线的地方可以用油性记号笔填好即可。

图 11-47　热转印

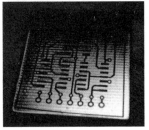

图 11-48　热转印后的效果

　　5）腐蚀。在制作印制电路板时，要用三氯化铁溶液来腐蚀电路板。现在三氯化铁大部分是固体状态，须配成腐蚀电路板的溶液，可按质量大小配比：用 35% 的三氯化铁加 65% 的水配制。三氯化铁的浓度并不是很严格的，浓度大的溶液腐蚀速度快一点，浓度小的溶液腐蚀速度慢一点。腐蚀电路板时三氯化铁的溶液最好在 30～50℃，最高不要超过 65℃。腐蚀时可用竹夹子夹住电路板在三氯化铁溶液中晃动以加快腐蚀速度，一般情况下 20min 电路板即可腐蚀好。

比较快的做法是采用盐酸＋双氧水的蚀刻法，具体配比是把浓度为 31% 的过氧化氢（工业用）与浓度为 37% 的盐酸（工业用）和水按 1：3：4 比例配制成腐蚀液。先把 4 份水倒入盘中，然后倒入 3 份盐酸，用玻璃棒搅拌再缓缓地加入 1 份过氧化氢，继续用玻璃棒搅匀后即可把铜箔板放入（见图 11-49），一般 5min 左右便可腐蚀完毕，取出铜箔板，用清水冲洗，擦干后就可使用了。

图 11-49 盐酸＋双氧水溶液腐蚀电路板

此腐蚀液反应速度极快，应按比例要求掌握，如比例过于不当会引起沸腾以致液水溢出盘外。另外在反应时还有少量的氯气放出，所以最好在通风处进行操作。腐蚀好的印制电路板如图 11-50 所示。

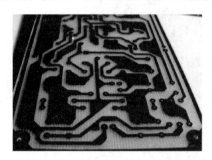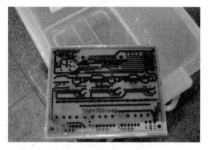

图 11-50 腐蚀好的电路板

6）电路板腐蚀完毕后用清水冲洗同时用 2000 目以上的水砂纸将附着在铜箔上的墨粉去除掉，冲洗干净后晾干，一块漂亮的印制电路板就做成了，如图 11-51 所示。

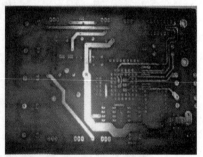

图 11-51 制作完毕的印制电路板

11.7 小型工业制双面 PCB 板

11.7.1 简易流程

底片输出→裁板→钻孔→抛光→（整孔）→预浸→水洗→烘干→活化→通孔→热固化→

微蚀→水洗→抛光→加速→镀铜→水洗→抛光→烘干→刷感光线路油墨→烘干→曝光→显影→水洗→微蚀→水洗→镀锡→水洗→脱膜→水洗→蚀刻→水洗→褪锡→水洗→烘干→刷感光阻焊油墨→烘干→曝光→显影→水洗→烘干→刷感光文字油墨→烘干→曝光→显影→水洗→热固化→切边。

11.7.2 制作流程

以下涉及的工艺参数以湖南科瑞特股份有限公司的制板设备为例，仅供参考。

(1) 打印底片（光绘底片出图）。

(2) 裁板（保留 20mm 工艺边）。

(3) 钻孔（设置板厚 2.0mm，钻头尖离板 1~1.5mm）。

(4) 抛光（去除表面氧化物及油污，去除钻孔时产生的毛刺）。

(5) 过全自动沉铜机整孔（要保证孔通透，帮助药水更好的浸到孔内）。

(6) 预浸（5min，除油，除氧化物，调整电荷）。

(7) 水洗（水洗都是为除去药水残留）。

(8) 烘干（除去孔内残留水分）。

(9) 活化（2min，纳米碳粒附在孔内）。

(10) 通孔（将孔内多余活化液去除）。

(11) 热固化（100℃，5~10min，使碳粒在孔内更好地吸附）。

(12) 微蚀（30s，除去表面碳粒）。

(13) 水洗。

(14) 抛光。

(15) 加速（5~10s，如果板件有氧化时去除氧化物，除油）。

(16) 水洗。

(17) 镀铜（30min，电流约 3~4A/dm^2）。

(18) 水洗。

(19) 抛光。

(20) 烘干（烘干表面及孔内水分）。

(21) 刷感光线路油墨（90T 丝网框，多练习）。

(22) 烘干（75℃，20~30min）。

(23) 曝光（曝光时间 15s，先底片对位）。

(24) 显影（45~50℃）。

(25) 水洗。

(26) 放入微蚀液中去油（5~10s）。

(27) 水洗。

(28) 镀锡（20min，电流约 1.5~2A/dm^2 有效面积）。

(29) 水洗。

(30) 脱膜（戴手套，脱膜液为强碱性）。

(31) 水洗。

(32) 蚀刻（55℃）。

（33）水洗。

（34）褪锡。

（35）水洗。

（36）烘干。

（37）刷感光阻焊油墨（90T 丝网框，感光阻焊油墨：固化剂＝3：1，如果油墨比较黏稠的话，需要增加油墨稀释剂调整）。

（38）静置（15min，在阴凉不通风的环境）。

（39）油墨烘干（75℃，30min）。

（40）曝光（180s，光绘底片 120s）。

（41）显影。

（42）水洗。

（43）烘干。

（44）刷感光文字油墨（120T 丝网框，感光字符油墨：固化剂＝3：1，如果油墨比较黏稠的话，需要增加油墨稀释剂，油墨一定要调整得细腻）。

（45）油墨烘干（75℃，20min）。

（46）曝光（120s，光绘底片）。

（47）显影。

（48）水洗。

（49）热固化（150℃，30min）。

（50）切边。

 **上机实训**

（1）用热转印制板方法制作 51 单片机实验板电路的 PCB 板。

（2）用雕刻制板方法制作 51 单片机实验板电路的 PCB 板。

（3）用化学腐蚀制板方法制作 51 单片机实验板电路的 PCB 板。

（4）用小型工业制板方法制作 51 单片机实验板电路的 PCB 板。

第 12 章

PCB 设 计 与 制 作

实训项目：电子时钟的 PCB 板设计。

【情境说明】

某学院在准备大学生电子设计技能竞赛时，需要设计一批电子时钟的 PCB 板，该学院电子兴趣小组同学承接了此设计任务，按照要求设计基于单片机的电子时钟 PCB 板，并将设计文档发给 PCB 板生产厂家，打样制作此 PCB 板。

【任务要求】

（1）根据提供的参考资料，绘制系统整体框图和详细原理图。

（2）根据行业规范，设计双面 PCB 板，板子大小为 110mm×80mm，采用卡槽固定，不需固定螺钉孔。

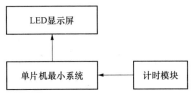

图 12－1　电子时钟系统整体框图

（3）导出 PCB 板文件，发给 PCB 板生产厂家，打样 10 片 PCB 板，采用双面玻纤板，1.6mm 厚。

【参考资料】

（1）基于单片机电子时钟的系统整体框图如图 12－1 所示。

（2）STC89C52RC 单片机最小系统如图 12－2 所示。

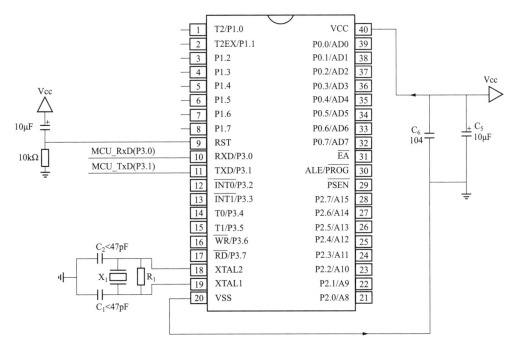

图 12－2　STC89C52RC 最小系统图

（3）DS1302 计时电路如图 12 - 3 所示。

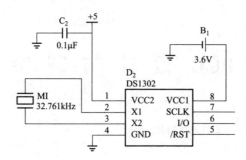

图 12 - 3　DS1302 计时电路

（4）LD5461BS 四位共阳数码管结构、原理如图 12 - 4 所示。

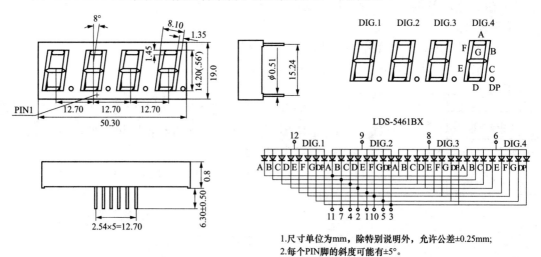

1.尺寸单位为mm，除特别说明外，允许公差±0.25mm;
2.每个PIN脚的斜度可能有±5°。

图 12 - 4　LD5461 四位数码管结构图

【设计目标】

（1）掌握层次原理图的绘制方法。

（2）掌握双面板的设计流程和设计方法。

（3）掌握电子时钟 PCB 板的设计。

（4）掌握 PCB 板厂家打样的方法。

12.1　PCB 板 设 计 流 程

熟悉 PCB 板的设计流程，为电子时钟 PCB 板的设计制订工作计划。

12.1.1　印制电路板的设计流程

所有的设计最好在一个 PCB 项目文件中进行，如果要操作的文件不在该项目下面，可以通过添加的方式，把文件添加到该项目中再进行操作。

在进行 PCB 设计前，首先要有设计好的电路原理图，然后在 Altium Designer 的 PCB

编辑环境中新建一个 PCB 文件，根据需要设置环境参数，规划 PCB 的外形尺寸，向 PCB 文件导入网络表，最后进行元器件的布局和布线，检查设计结果，根据需求输出设计文件。整个项目设计流程如图 12-5 所示。

(1) 新建一个 PCB 项目文件：运行 Protel 2004，然后执行菜单命令"文件"→"创建"→"项目"→"PCB 项目"，新建一个 PCB 项目文件，并立即换名保存起来，文件名自行设定。

(2) 在该 PCB 项目下新建一个 SCH 文件：执行菜单命令"文件"→"创建"→"原理图"，或在 PCB 项目文件上右击然后执行命令"追加新文件到项目中"→"Schematic"，立即保存，输入文件名。

(3) 按照规范设计原理图，注意标注号的唯一性和正确性、电气连接的正确性和保证每个元器件都有唯一和正确的封装（Footprint）。

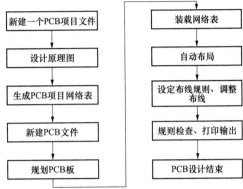

图 12-5 PCB 设计流程框图

(4) 生成 PCB 项目网络表。检查无误后，在原理图设计状态下，执行菜单命令"设计"→"Netlist for Project"→"Protel"，生成 PCB 项目网络表。注意，生成的网络表文件是以 PCB 项目的文件名而命名的。

(5) 在该 PCB 项目下新建一个 PCB 文件：执行菜单命令"文件"→"创建"→"PCB"，或在项目文件上右击然后执行命令"追加新文件到项目中"→"PCB"，立即保存，输入文件名。

(6) 规划 PCB 板：在出来的黑色 PCB 设计界面上，首先把 Keepout Layer 层切换为当前工作层，然后用绘图工具下的画线工具，把板子的边缘线（紫色）画出。然后，可以双击每根线，设定它的起点和终点坐标，最终把板子的四根边缘线全部画好。在这个过程中，要用到绘图工具栏下的原点设置工具设置原点，并用"View/toggle units"来切换公制（mm）、英制（mil）单位。

(7) 装载网络表：执行菜单命令"设计"→"Import Changes from ..."，弹出对话框，把最下面有"Room"的选项都去掉，再单击下面中间的"Execute Changes"，最后单击"Close"退出该对话框，可以看到原理图设定的各个元器件封装出现在板子的右边（可执行菜单命令"查看"→"适合全部"）。注意：如果 PCB 文件没有保存过或 PCB 不在一个项目中，"Design/Import changes from"是灰色不可操作的。

(8) 自动布局：执行菜单命令"工具"→"Component Placement"→"Auto Placer"，选择第二种布局模式（Statistical Placer），并把"Automatic PCB Update"也选上，然后单击"OK"，系统会立即进行自动布局。执行菜单命令"查看"→"适合全部"，看全部结果，可能会发现还有一堆飞线落在板子边缘线外面，可以采用微微移动元件封装的形式让这些飞线都进入板子之内。

(9) 人工布局。检查所有元器件的封装是否有错漏、不合适的，如果有的，可以通过双击该错的封装然后修改其"footprint"属性，选择正确或合适的封装，也可以通过手工添加封装的方式来解决。检查完封装后，就可以进行人工布局，手动调整元器件的位置了，一般是根据电路原理图的走向来布局的。

(10) 设定布线规则：在完成布局、即将进行布线之前，必须设定布线规则，否则布线

235

可能无法正常进行。布线规则很多，必定要设定的三大规则是：安全间距设定、线粗设定和布线层设定。执行菜单命令"设计"→"规则"，出来一堆规则设定项：

1）单击第一个设定项"Electrical"前的加号，再单击它下面的"Clearance"，设定安全间距，一般是 0.254mm 或 10mil，如果允许可以再增大些；

2）单击第二个设定项"Routing"，用它下面的"Width"来设定线粗，只设蓝色的底层 Bottom Layer 的就可以了，一般都要设定在 0.5mm 或 20mil 以上，三个设定值都一样即可。

3）在第二个设定项"Routing"中找到"Routing Layers"，设定布线层仅仅是底层"Bottom Layer"即可，如果要设计双面板，还得设定"Top Layer"。

（11）人工布线或自动布线：设定好布线规则后，就可以进行布线了。手工布线的时候，要注意在布线前切换到正确的板层。如果要进行自动布线，可以单击"Auto Route / All"，在弹出来的布线规则可再重新调整界面下面，单击"Route all"即可。

（12）调整布线。如果对手工布线或自动布线结果不满意的，可以对相关器件进行调整（移动、旋转、翻转或更换）后，再次按上法进行布线直到满意为止。对于自动布线，一般而言，如果器件没有动过的，重新自动布线后，原来的布线可能不会改动，所以，在再次自动布线前，建议把原来布好的线都删掉以便重来。

注意：在第 5、6 步中，新 PCB 文件还可以通过 PCB 设计向导方式来建立，用这种方法建立的空白 PCB 文档，相比而言也许还省事省力一些，但有点啰唆。

12.1.2 电子时钟印制电路板的设计流程

根据 PCB 板的设计流程，规划"电子时钟印制电路板"的设计流程如下：

（1）在电脑硬盘上建立一个文件夹，用来保存设计文档。如在 E 盘建立一个名称为"电子时钟印制电路板设计"的文件夹。

（2）新建 PCB 项目文件，命名为"电子时钟"，并保存到第一步建立的文件夹中。

（3）新建原理图文件，并命名为"电子时钟原理图"，保存到上一步文件夹中。设计原理图，并保存。

（4）生成 PCB 项目网络表。

（5）新建 PCB 文件，并命名为"电子时钟 PCB 板"，保存到上一步文件夹中。

（6）在"电子时钟 PCB 板"中规划 PCB 板。

（7）装载网络表。

（8）布局，可以先采用自动布局，然后再手动调整。

（9）设定布线规则。

（10）布线。

（11）调整布线。

（12）规则检查，按要求打印输出。

12.2 电子时钟的 PCB 板设计

根据设计要求，设计电子时钟 PCB 板，双面玻纤板，1.6mm 厚，110mm×80mm，并用电子邮件发给 PCB 厂家，打样 10 片 PCB 板。

12.2.1　新建名为"电子时钟"的 PCB 项目

（1）在 E 盘新建名为"电子时钟印制电路板"的文件夹。按照 Windows 的基本操作方法，在 Windows 的资源管理器中，用右键新建文件夹，输入文件夹名称"电子时钟印制电路板"即可。

（2）从 Windows 的开始菜单，执行"开始"→"所有程序"→"Altium"→"DXP 2004"命令，运行 Protel 2004 软件。

（3）在 Altium Designer 环境中，执行菜单命令"文件"→"创建"→"项目"→"PCB 项目"，如图 12-6 所示，新建一个 PCB 项目，默认名称为"PCB_Project1.PrjPCB"。

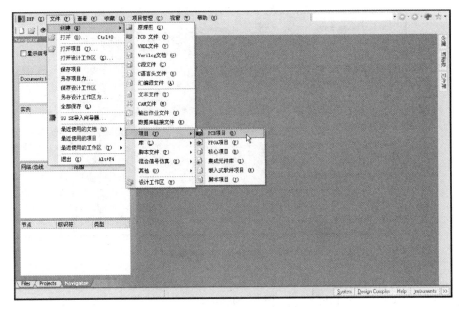

图 12-6　创建 PCB 项目菜单命令

（4）执行菜单命令"文件"→"保存项目"，弹出项目保存对话框，选择上面建立的文件夹"E：/电子时钟印制电路板"，在文件名输入框中输入"电子时钟.PrjPCB"，选择保存类型为"PCB Projects（*.PrjPCB)"，单击"保存"按钮，完成了 PCB 项目的建立，如图 12-7 所示。

12.2.2　设计原理图

在设计大型复杂系统的电路原理图时，若将整个电路图绘制在一张图纸上，就会使图纸变得很复杂，不利于分析和检错，

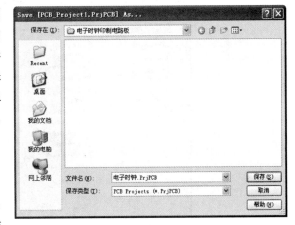

图 12-7　项目保存对话框

同时也难于多个人协同参与系统设计。为了解决这个问题，Protel 提供了层次型电路的设计方法。为了学习这种设计方法，虽然我们的电路不复杂，但我们还是在本项目中采用层次型

设计。层次型电路是将一个庞大的电路原理图分成若干个模块，且每个模块可以再分成几个基本模块，设计采用自上而下或自下而上的方法。在这里，采用自上而下的方法进行设计。具体设计步骤如下。

1. 系统总体框图设计

根据电子时钟的构成，我们可以把电路分成三个模块：单片机最小系统模块、LED 显示模块、计时模块。

（1）在 Protel 项目（Projects）工作卡中，右击"电子时钟 . PrjPCB"，弹出菜单，执行"追加文件到项目中"→"Schematic"命令，如图 12 - 8 所示。新建一个默认名为"Scheet1. SchDoc"的原理图文件。保存为"电子时钟原理图 . SchDoc"。

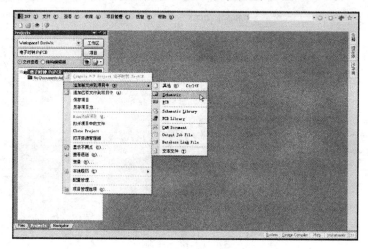

图 12 - 8　新建原理图文件命令

（2）设置原理图编辑环境。执行菜单命令"工具"→"原理图优先设定"，打开原理图优先设定对话框，在 Graphical Editing 选项卡中的转换特殊字符串前面勾选，如图 12 - 9 所示。

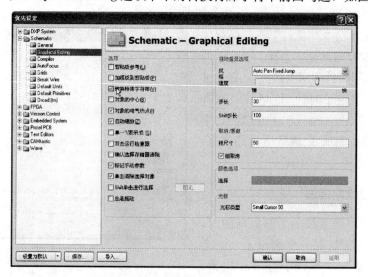

图 12 - 9　原理图优先设定对话框

执行菜单命令"设计"→"文档选项"，打开文档选项对话框，如图 12 - 10 所示。在图纸选项卡中标准风格选择 A4；参数选项卡中设置好 DocumentNumber、DrawBy、Revision、SheetNumber、Title 等参数；单位选项卡中选择使用公制单位；完成原理图环境设置。

图 12‒10　文档选项对话框

在图纸标题框中应用"放置"→"文本字符串"命令，在 Title、Number、Revision、Sheet of、Draw By 等对应位置，放置 Text，然后双击 Text，打开注释属性对话框，在属性文本框中选择相对应的选项，例如 Title 选择"＝Title"，属性对话框如图 12‒11 所示。

依上述方法，同样设置其他几个 Text，完成原理图图纸的标题框设计。完成后如图 12‒12 所示。

（3）执行菜单命令"放置"→"图纸符号"，在原理图中放置三个图纸符号（即三个模块）。双击图纸符号，弹出图纸符号设置对话框，在属性卡中设置好标识符属性、文件名属性，并确认，如图 12‒13 所示。

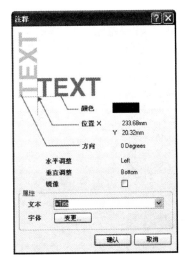

图 12‒11　注释属性对话框

Title				电子时钟	
Size A4	Number	01		Revision	V01
Date:	2012-6-3			Sheet　of	01
File:	E:\电子时钟印制电路板\ 电子时钟原理图.SchⅡBy:				张辉普

图 12‒12　原理图图纸的标题框

依同样的方法设置好三个图纸符号，分别为单片机最小系统、LED 显示模块、计时模块。设置完成后的电路原理图如图 12‒14 所示。标识符属性、文件名属性可以设置为不一样，上述是为了便于记忆，设置成一样。

（4）在图纸符号上放置端口，执行菜单命令"放置"→"加图纸入口"，在要放置端口的图纸符号上单击，在合适位置再次单击完成一个端口的放置，重复操作完成所有端口的放置。双击端口，弹出端口属性设置对话框如图 12‒15 所示，设置端口的名称、I/O 类型、Style、Side 等参数。I/O 类型有：Unspecified（不确定）、Output（输出型）、Input（输入型）四种；Style 有八种样式；Side 用于设置端口放置在图纸符号中的方向。

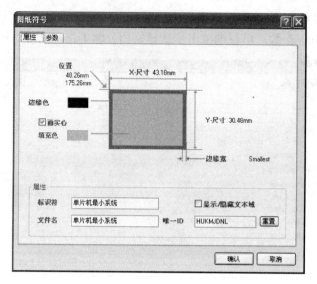

图 12-13　图纸符号设置对话框

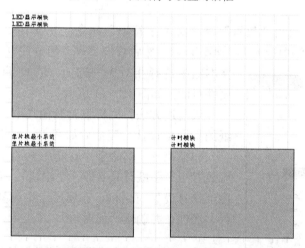

图 12-14　模块电路原理图

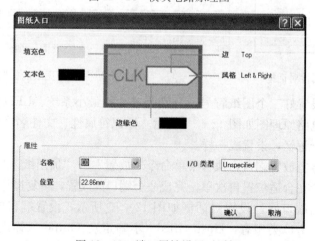

图 12-15　端口属性设置对话框

完成所有的端口放置与属性设置后，将相同名称的端口连接起来，系统总体框图设计完成，如图 12-16 所示。

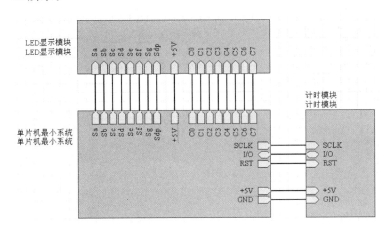

图 12-16 系统总体框图

2. 生成子电路原理图

在完成系统总体框图绘制后，即可以根据各个模块绘制相应的子电路原理图，实现电路的详细设计。在模块电路原理图的设计时，子电路文件与系统图各模块有严格的对应关系，其端口也一一对应。具体操作步骤如下。

（1）在系统框图编辑器中，执行菜单命令"设计"→"根据符号建立图纸"，系统进入由系统总体框图创建子电路图的状态，此时光标变成十字形状。将光标移动到要创建的子电路的模块上单击，系统弹出端口属性选择框，如图 12-17 所示。

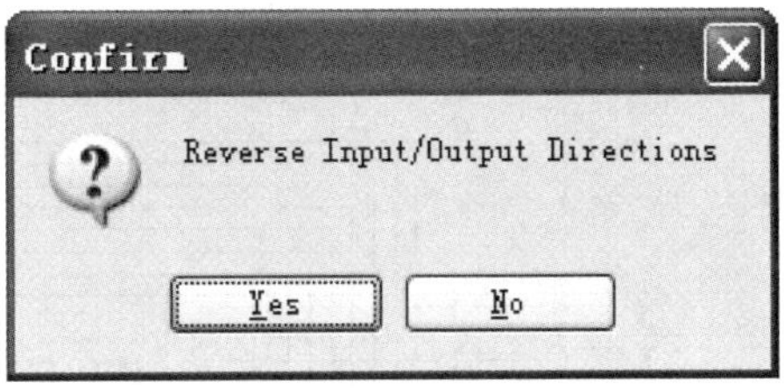

该选择框询问创建的子电路是否反转端口类型，这里选择"No"按钮，系统会自动创建一个

图 12-17 端口属性选择框

系统总体框图中模块文件名属性指定的子电路图，并自动打开这各子电路原理图。用同样的方法，创建好三个子电路：LED 显示模块 .SchDoc、单片机最小系统 .SchDoc、计时模块 .SchDoc。

（2）建立原理图元件库，添加新元件。新建原理图元件库文件，并在库中添加下列元件。各元件原理图符号如图 12-18 所示。

（3）LED 显示模块详细原理图设计。设计出 LED 显示模块详细原理图，如图 12-19 所示。

（4）单片机最小系统详细原理图设计。设计出单片机最小系统详细原理图，如图 12-20 所示。

（5）计时模块详细原理图设计。设计出计时模块详细原理图，如图 12-21 所示。

3. 为特殊元件制作封装库

在设计中，有些元器件的封装，在 Protel 自带的封装库中不能找到，需要自制。在这有以下元件的封装需要自制，建立元件封装库文件，并添加如图 12-22 所示的元件封装。

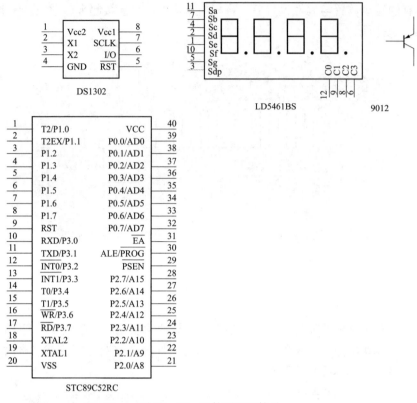

图 12-18 元件原理图符号

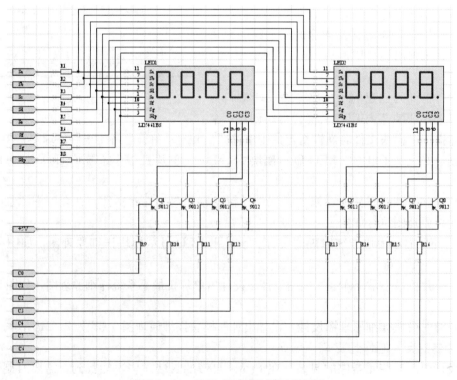

图 12-19 LED显示模块详细原理图

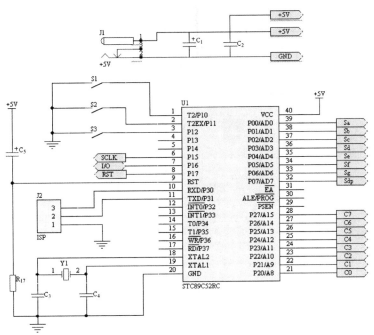

图 12 - 20　单片机最小系统详细原理图

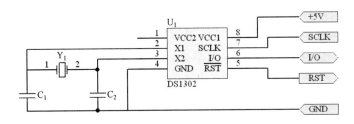

图 12 - 21　计时模块详细原理图

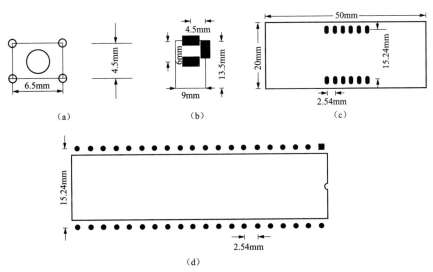

图 12 - 22　元件封装图

（a）按钮（Button_6×6）；（b）DC 插座（DC_005）；

（c）LED 数码管（LD5461BS）；（d）STC89C52RC（DIP - 40）

4. 为各元件指定封装，生成网络表

（1）在各详细原理图设计中，双击各元件，为其指定封装形式，各元件的封装见表 12 - 1。

表 12 - 1 元件封装形式表

模块	元件序号	封装名称	备注
LED 显示模块	$R_1 \sim R_{16}$	AXIAL - 0.4	
	$VT_1 \sim VT_8$	BCY - W3/E4	
	LED_1、LED_2	LD5461BS	自制
单片机最小系统模块	J_1	DC - 005	自制
	U_1	DIP - 40	自制
	$S_1 \sim S_3$	BUTTON_6×6	自制
	C_1	CAPPR2 - 5×6.8	
	C_2	RAD - 0.2	
	C_3、C_4	RAD - 0.1	
	C_5	CAPPR1.5 - 4×5	
	R_{17}	AXIAL - 0.4	
	Y_1	RAD - 0.2	
	J_2	HDR1X3	
计时模块	U_2	DIP - 8	
	Y_2	BCY - W2/D3.1	
	C_6、C_7	RAD - 0.1	

（2）执行菜单命令"项目管理"→"Compile Document 电子时钟原理图 . SchDoc"，系统开始编译原理图电路，启动错误检查，弹出 Message 窗口显示错误信息，如果正确则没有 Message 窗口弹出，不断修改原理图直到编译没有错误。在上图中会提示有两处错误，出现在系统整体框图中有四个＋5V 的端口，把其中的一对改成＋5，再到相应的详细原理图中也修改。然后在检查则能通过检查。

（3）在系统整体框图原理图中，执行菜单命令"设计"→"设计项目的网络表"→"Protel"，系统自动生成一个网络表文件，名称为"电子时钟 . Net"。

12.2.3 设计 PCB 板

（1）创建 PCB 文件，执行菜单命令"文件"→"创建"→"PCB"，系统生成 PCB1. PcbDoc 的文件，更名保存为"电子时钟 PCB 板 .PcbDoc"。

（2）设置 PCB 设计环境，规划电路板。

1）设置好坐标原点，在机械层 1（Mechanical 1）上绘制一矩形框作为电路板的物理边界，在此设置物理边界为 110mm×80mm，设置完成后如图 12 - 23 所示。

2）为了防止元件与铜膜导线距离板边界太近，需设定电路板的电气边界，限制元件布局、铜膜走线在此范围内。绘制方法：在 Keep - out Layer 层，绘制一个距离物理边界一定距离的矩形框。电气边界比物理边界小，在这设置一个距离物理边界 1mm 的框，作为电气边界，如图 12 - 24 所示。

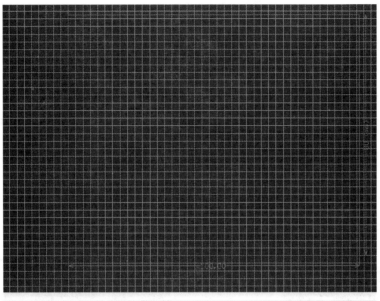

图 12 - 23　绘制物理边框

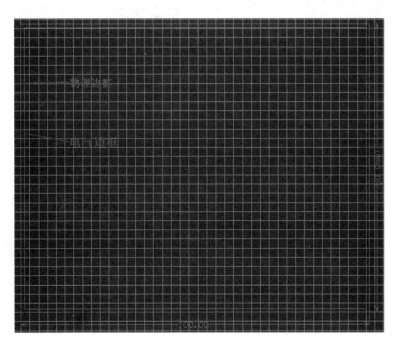

图 12 - 24　电气边界与物理边界

（3）加载网络表及元件。

在电子时钟原理图文件，执行菜单命令"设计" → "Update PCB Document 电子时钟 PCB 板 . PcbDoc"，如图 12 - 25 所示。弹出工程变化订单对话框，如图 12 - 26 所示。单击 "使变化生效""执行变化"按钮，载入网络表及元件到"电子时钟 PCB 板 . PcbDoc"文件中。载入命令和载入后结果如图12-27所示。

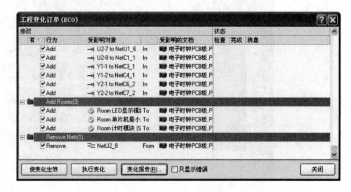

图12-25　载入网络表菜单命令　　　　　图12-26　工程变化订单对话框

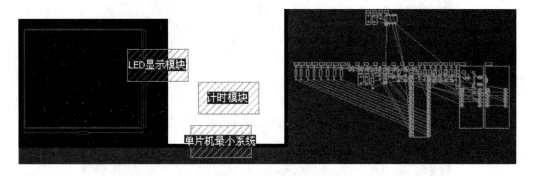

图12-27　载入网络表和元件的PCB板图

（4）元件布局。

元件布局可以采用 Altium Designer 提供的自动布局功能，然后在手工调整，当然也可以直接手工布局。这里采用先自动布局后手工调整。

1）自动布局。执行菜单命令"工具"→"放置元件"→"自动布局"，命令如图12-28所示。系统自动弹出自动布局对话框，如图12-29所示，选择分组布局，单击"确认"按钮，完成自动布局，自动布局后的结果如图12-30所示。

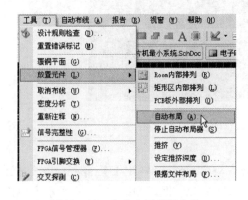

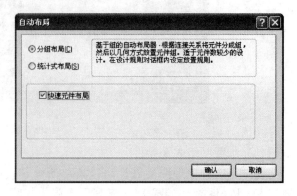

图12-28　自动布局菜单命令　　　　　图12-29　自动布局对话框

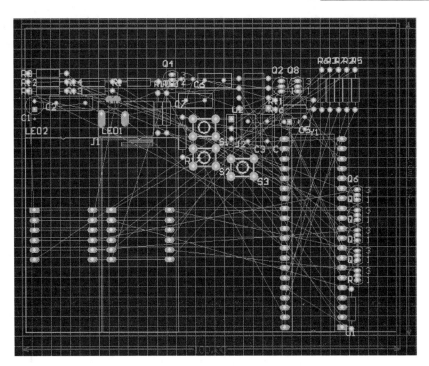

图 12 - 30　自动布局完成后的结果

2）手工调整。从图 12 - 30 可以看成，自动布局之后的效果不尽如人意，还需要手工调整，通过采用选取、移动、旋转等操作，使布局更加优化、美观。经手工调整后的 PCB 布局如图 12 - 31 所示，仅供参考。

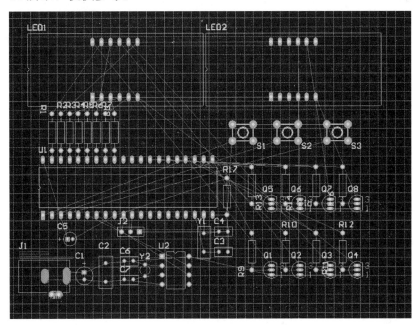

图 12 - 31　手工调整后的 PCB 布局

（5）设置布线规则。

为了提高布线的质量和成功率，在布线之前需要进行设计规则的设置，通过执行菜单命令

"设计"→"规则",打开设计规则对话框,在本例中主要进行设置的设计规则有以下几点。

1)布线安全距离,用于设置铜膜走线与其他对象间的最小间距,在设计规则对话框中的"Electrical"根目录下的"Clearance"选项中,设置最小间隙(最小安全距离),在此我们设定为0.5mm(约20mil),单击"确认"即可如图12-32所示。

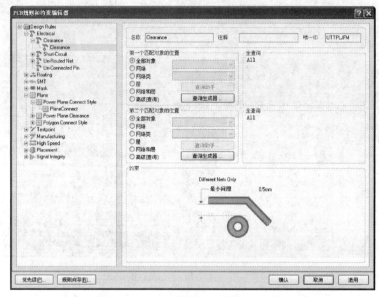

图12-32 布线安全间距设置对话框

2)设置布线宽度,布线宽度在布线规则设置对话框中"Routing"根目录下的"Width"选项,如图12-33所示。用于设置铜膜走线的宽度范围、推荐的走线宽度,以及适用的范围。在本例中设置网络节点+5V、GND的最小线宽和优先尺寸为1mm,最大宽度为2mm;其他的最小线宽和优先尺寸为0.5mm,最大宽度为1mm。注意设置时Top Layer层和Bottom Layer层都要设置。

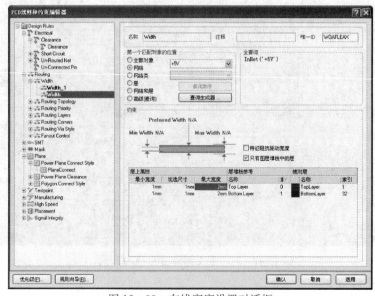

图12-33 布线宽度设置对话框

3）布线工作层设置，用于设置放置铜膜导线的板层，在布线规则设置对话框中"Routing"根目录下的"RoutingLayers"选项。在本例中采用双面板设计，有效层有 Top Layer 和 Bottom Layer 两层。设置如图 12 - 34 所示。

图 12 - 34　布线工作层设置对话框

4）布线拐角方式设置，布线宽度设置对话框，用于设置布线的拐角方式，在布线规则设置对话框中"Routing"根目录下的"RoutingCorners"选项中。在本例中选择圆弧拐角风格，设置如图 12 - 35 所示。

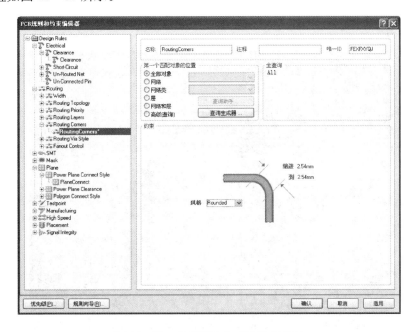

图 12 - 35　布线拐角方式设置对话框

Altium Designer印制电路板设计与制作教程

5) 过孔类型设置，用于设置自动布线过程中使用的过孔大小及适用范围。在布线规则设置对话框中"Rounting"根目录下的"RoutingVias"选项中，设置如图12-36所示。

图 12-36　过孔类型设置对话框

6) 另外其他的规则设置可以自行设置，也可以就用系统的默认值。

（6）布线。

布线就是通过放置铜膜导线和过孔，将元件封装的焊盘连接起来，实现电路板的电气连接，布线方式主要有手工交互布线和自动布线。在实际中多采用手工交互布线，在本例中我们先采用自动布线，然后再手工调整。

1) 自动布线执行菜单命令"自动布线"→"全部对象"，系统会自动完成布线工作，完成后如图12-37所示。

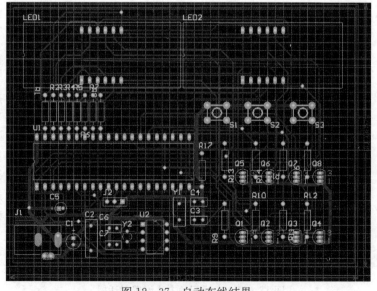

图 12-37　自动布线结果

2) 手工调整，自动布线完成后，有些地方不太完美，需要进一步进行手工调整。手工调整后如图 12-38 所示。

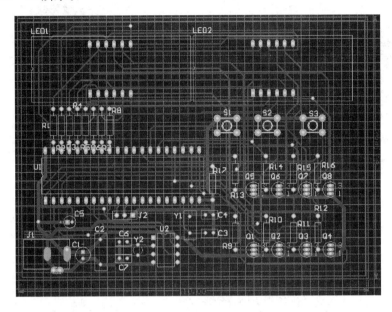

图 12-38 手工调整后布线图

3) 对空余地方进行敷铜，以提高抗干扰能力。敷铜可以采用菜单命令"放置"→"敷铜"，弹出敷铜对话框，如图 12-39 所示。设置好填充模式、层、连接到网络等属性后，单击"确认"，光标变成十字形状，单击，在需要敷铜的区域围成一个多边形圈，这样系统会自动完成敷铜操作。

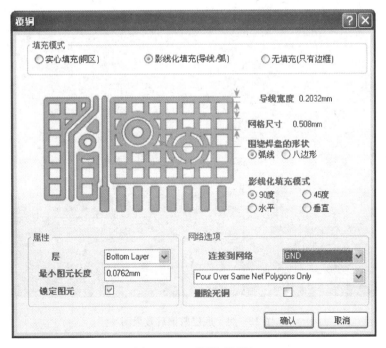

图 12-39 敷铜对话框

按照以上的敷铜方法，分别在顶层和底层敷铜后效果如图 12 - 40 和图 12 - 41 所示。

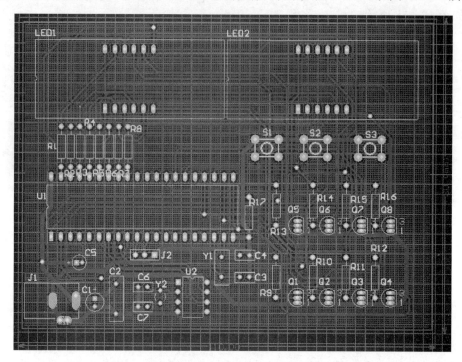

图 12 - 40　顶层敷铜后效果图

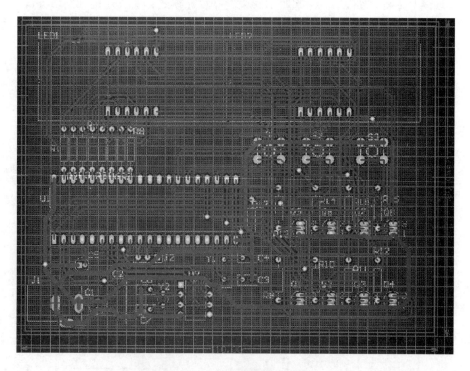

图 12 - 41　底层敷铜后效果图

12.2.4 生成报表与打印 PCB 板图

PCB 设计完成后，需要生成各种报表文件，为用户提供有关设计过程及设计内容的详细资料。

1. 生成电路板信息报表

执行菜单命令"报告"→"PCB 板信息"，系统弹出 PCB 板信息对话框，如图 12－42 所示。有"一般""元件""网络"三个选项卡。

2. 生成元器件清单

元器件清单功能用来整理一个电路板或一个项目中的元件，形成一个元件材料清单，便于用户查询和购买元件。执行菜单命令"报告"→"Bill of Materials"，系统弹出如图 12－43 所示的 PCB 元件清单生成对话框，在该对话框中设置输出的元件清单文件格式。在本例中我们输出 Excel 格式，单击 Excel 按钮，系统会自动将元件清单导入到 Excel 表中。

图 12－42 PCB 板信息对话框

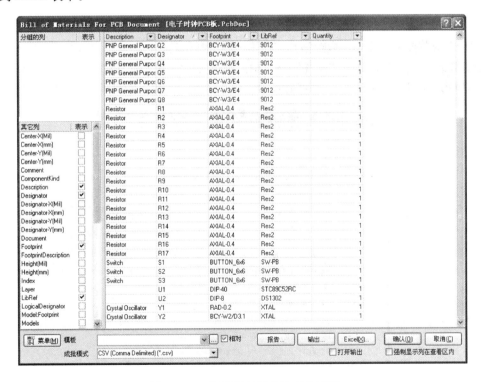

图 12－43 PCB 元件清单生成对话框

3. 生成其他文档

为了制板，还需生成底片文档、数控钻孔文档等。平时设计 PCB 板时，不需要生成，只是 PCB 生产厂家在生产 PCB 时才需要。

（1）生成底片文档（Gerber Files）。执行菜单命令"文件"→"输出制造文件"→"Gerber Files"，弹出光绘文件设定对话框，如图 12‐44 所示，对话框有"一般""层""钻孔制图""光圈""高级"等选项卡，根据要求设定参数后，单击"确认"按钮即可生成底片文档。

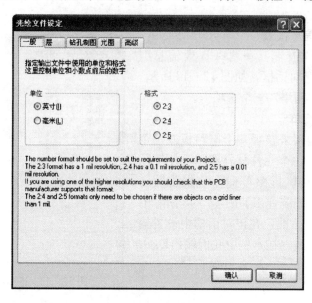

图 12‐44　光绘文件设定对话框

（2）生成数控钻孔文档。数控钻孔文档用于提供制作电路板时，可直接用于数控钻孔机所需的钻孔资料。执行菜单命令"文件"→"输出制造文件"→"NC Drill Files"，弹出 NC 钻孔设定对话框，如图 12‐45 所示，选择好参数，单击"确认"按钮即可生成数控钻孔文档。

图 12‐45　NC 钻孔设定对话框

4. 打印印制电路板图

在完成 PCB 设计后，为了便于焊接元件和存档，还需要将 PCB 打印输出。有时手工制作 PCB 板也需要打印输出。

（1）页面设置，执行菜单命令"文件"→"页面设置"，系统弹出如图 12－46 所示页面设置对话框。

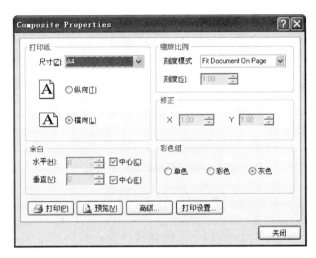

图 12－46　页面设置对话框

（2）在对话框内进行图纸页面选择，设定输出比例模式及比例，并设置打印机。注意，如要手工制作 PCB 板，比例应选择 1：1。

（3）在高级选项中，还可以进行打印图层设置，如图 12－47 所示。

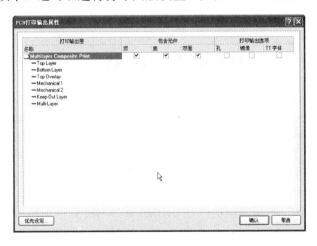

图 12－47　打印图层设置对话框

（4）打印机设置，在页面设置对话框中单击"打印设置"则可以进入打印机设置对话框。或者执行菜单命令"文件"→"打印"也可进入，如图 12－48 所示。

（5）打印预览，单击页面设置图中的"预览"按钮，则可对打印的图形进行预览。

（6）打印，设置完毕后，单击"打印"按钮，即可打印输出 PCB。

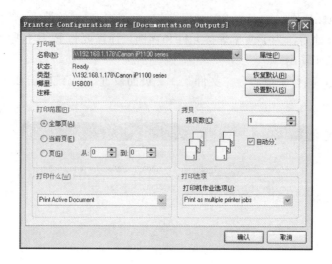

图 12 - 48　打印机设置对话框

12.2.5　用电子邮件发送 PCB 板设计文件给 PCB 生产厂家，打样 PCB 板

（1）PCB 板设计文件。打开 Windows 资源管理器，找到文件夹，找到 PCB 板设计文件，本例中放在"E：\电子时钟印制电路板"文件夹下，"电子时钟 PCB 板 . PcbDoc"文件就是 PCB 板设计文件，有了这个文件就能制作出 PCB 板。

（2）撰写电子邮件，发邮件给 PCB 生产厂家，打样 PCB 板。找到 PCB 生产厂家的邮件地址，撰写邮件，把"电子时钟 PCB 板 . PcbDoc"文件作为邮件附件，可在正文中说明打印 PCB 板的材质、数量、板厚等信息。在本例中要求制作 1.6mm 厚的玻纤板 10 片。发送邮件，一般厂家在收到邮件后，会确认制作 PCB 样板。

12.3　PCB　板　制　作

1. 准备工作

准备好绘制好的 PCB 图、打印机、感光板、玻璃，台灯、显影粉等。

2. 制作 PCB 板流程

（1）准备好电路图。注意设计 PCB 板时，不要把线画得太细，一般在 10mil 以上，太细易断，自己估计好感光时间。

（2）打印 PCB 板图。把设计好的电路图用激光（喷墨）打印机以透明、半透明或 70g 复印纸打印出来（激光最细 0.2mm，喷墨最细 0.3mm）。采用激光打印机，以上材质的纸张都能打印，如果用喷墨打印机，最好不要用半透明的硫酸纸，硫酸纸主要的打印效果不好，墨水有时候会散开来，本来 1mm 的线就变成 1.2mm。当然，如果你的线距 2~3mm 这么宽，就没问题。实在找不到好的透明纸，用普通 A4 的白纸也可以。功放电路打印后的底层 PCB 板图如图 12 - 49 所示。注意只能选择打印底层、机械 1 层、多层、钻孔，采用黑白打印。而且打印原稿时要根据曝光膜的感光方式，正确选择打印正片或负片，电路图打印墨水（碳粉）面必须与绿色的感光膜面紧密接触，以获得最高的解析度。线路部分如有透光破洞，应用油性黑笔修补。稿面须保持清洁无污物。

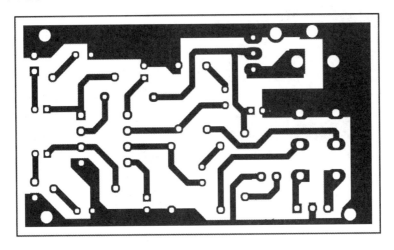

图 12 - 49　打印后 PCB 板图

3. 曝光

（1）准备好感光板。生产感光板的厂家有很多，用得多的是金电子的感光板，这里以金

电子感光板（见图 12 - 50）为例。金电子感光板在包装盒上面写着曝光只要 8min，但如果 PCB 图打印在白纸上的话，8min 是远远不够，上面写的 8min 是对透明胶片而言的，一般普通的白纸，需要曝光 30～40 分钟。根据设计 PCB 板大小，裁剪感光板。

（2）准备感光设备。最简易的方式就是，两块玻璃，一盏台灯。

（3）感光。首先撕掉保护膜，将打印好的线路图的打印面（碳粉面/墨水面）贴在感光膜面上，再以玻璃紧压原稿及感光板，越紧密解析度越好。可以用 9W 荧光灯曝光，距离 4cm（玻璃至灯管间距），标准时间：8～10min（透明稿），13～15min（半透明稿），30～40min（70g 复印纸）。用太阳光曝

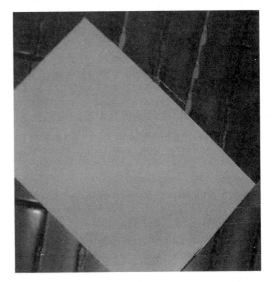

图 12 - 50　金电子感光板

光：强太阳光透明稿需 1～2min（半透明稿件需 2～4min），弱日光透明稿需 5～10min（半透明稿需 10～15min）。注意，制造日期超过半年时，每半年需要增加 10％～15％的曝光时间；以日光灯曝光的方法如感光板宽度超过 10cm 时，请以两只日光灯平均照射或以 1 只灯分 2 区或 3 区照射；请保持感光板板面及原稿清洁。

4. 显影

采用金电子专用显影粉，按照说明书上介绍用 1∶20 的比例配制好显影水（见图 12 - 51），将曝光好的 PCB 板，膜面朝上放进显影水中泡大约 1min，看到 PCB 板清晰的线条出现，就好。注意，显像液越浓，显像速度越快，但过快会造成显像过度（线路会全面地模糊缩小）。

过稀则显像很慢。在显像过程中应轻轻摇动塑料盆，这样可以加快显像速度。

图 12-51 配制显影水

5. 蚀刻

配制蚀刻剂，简单的用三氯化铁溶液就可，浓度尽量高点，让三氯化铁溶解了即可，块状三氯化铁，热水（1∶3）的比例调配。蚀刻时间在 10～30min。时间与三氯化铁的浓度有关，浓度高时间短，浓度低时间长。注意：感光膜可以直接焊接不必去除，如需要去除的可以用酒精。

6. 钻孔

用手电钻在 PCB 板上的对应位置钻孔。PCB 板基本完工。

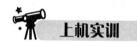

上机实训

实训项目：多功能六位电子钟

1. 原理说明

（1）显示原理。显示部分主要器件为 3 只两位一体共阳极数码管，驱动采用 PNP 型三极管驱动，各端口配有限流电阻，驱动方式为动态扫描，占用 P3.0～P3.5 端口，段码由 P1.0～P1.6 输出。冒号部分采用 4 个 ϕ3.0mm 的红色发光二极管，驱动方式为独立端口 P1.7 驱动。

（2）键盘原理。按键 S1～S3 采用复用的方式与显示部分的 P3.5、P3.4、P3.2 口复用。其工作方式为：在相应端口输出高电平时读取按键的状态并由单片机消除抖动并赋予相应的键值。

（3）迅响电路及输入、输出电路原理。迅响电路由有源蜂鸣器和 PNP 型三极管组成。其工作原理是当 PNP 型三极管导通后有源蜂鸣器立即发出定频声响。驱动方式为独立端口驱动，占用 P3.7 端口。

输出电路是与迅响电路复合作用的，其电路结构为有源蜂鸣器，5.1kΩ 定值电阻 R6，排针 J3 并联。当有源蜂鸣器无迅响时 J3 输出低电平，当有源蜂鸣器发出声响时 J3 输出高电平，J3 可接入数字电路等各种需要。驱动方式为迅响复合输出，不占端口。

输入电路是与迅响电路复合作用的，其电路结构是在迅响电路的 PNP 型三极管的基极电路中接入排针 J2。引脚排针可改变单片机 I/O 口的电平状态，从而达到输入的目的。驱动方式为复合端口驱动，占用 P3.7 端口。

（4）单片机系统。本产品采用了单片机 AT89C2051 为核心器件，并配合所有的外围电路，具有上电复位的功能，无手动复位功能。

2. 使用说明

（1）功能按键说明。S1 为功能选择按键；S2 为功能扩展按键；S3 为数值加 1 按键。

（2）功能及操作说明。操作时，连续短时间（小于 1s）按动 S1，即可在以上的 6 个功能中连续循环。中途如果长按（大于 2s）S1，则立即回到时钟功能的状态。

1）时钟功能：上电后即显示 10∶10∶00，寓意十全十美。

2）校时功能：短按一次 S1，即当前时间和冒号为闪烁状态，按动 S2 则小时位加 1，按动 S3 则分钟位加 1，秒时不可调。

3）闹钟功能：短按两次 S1，显示状态为 22：10：00，冒号为长亮。按动 S2 则小时位加 1，按动 S3 则分钟位加 1，秒时不可调。当按动小时位超过 23 时则会显示－－：－－：－－，这表示关闭闹钟功能。闹铃声为蜂鸣器长鸣 3s。

4）倒计时功能：短按三次 S1，显示状态为 0，冒号为长灭。按动 S2 则从低位依此显示高位，按动 S3 则相应位加 1，当 S2 按到第 6 次时会在所设定的时间状态下开始倒计时，再次按动 S2 将再次进入调整功能，并且停止倒计时。

5）秒表功能：短按四次 S1，显示状态为 00：00：00，冒号为长亮。按动 S2 则开始秒表计时，再次按动 S2 则停止计时，当停止计的时候按动 S3 则秒表清零。

6）计数器功能：短按五次 S1，显示状态为 00：00：00，冒号为长灭，按动 S2 则计数器加 1，按动 S3 则计数器清零。

3. 电路原理图

4. 元件清单

序号	名　　称	规格	位号	数量
1	单片机	AT89C2051	U_1	1
2	三端集成稳压	78L05	U_2	1
3	2 位共阳数码管	红色 0.4 寸	$LED_1 \sim LED_3$	3
4	发光二极管	红色 φ3	$D_1 \sim D_4$	4
5	蜂鸣器	5V 有源	U_3	1
6	瓷片电容	30pF	C_2、C_3	2
7		$0.1\mu F$	C_4、C_5	2
8	2 位排针	间距 2.54mm	$J_1 \sim J_3$	3
9	集成电路插座	20P	U_1	1
10	电解电容	$10\mu F$	C_1	1
11		$100\mu F$	C_6	1
12	晶振	12MHz	Y_1	1
13	三极管	9012	$Q_1 \sim Q_7$	7
14	电阻	220	$R_3 \sim R_9$	7
15		1kΩ	R_2、$R_{10} \sim R_{15}$	7
16		2kΩ	R_{17}、R_{18}	2
17		5.1kΩ	R_{16}	1
18		10kΩ	R_1	1
19	按键	6×6×5	S_1、S_2、S_3	3
20	电池盒	4 节 5 号		1
21	DC 插座	5.5×2.1		1
22	电源线	双色 2P	带热缩管	1
23	电路板	105×55		1
24	说明书	A4 双面		1

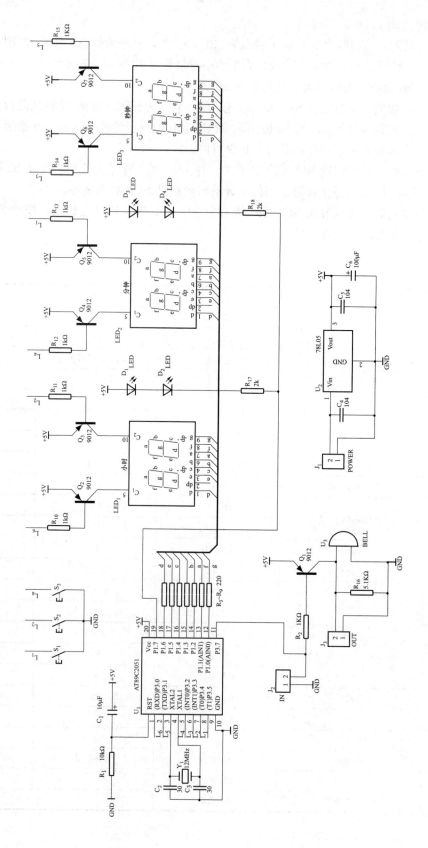

5. 成品实物图

附录 A 计算机辅助设计（Protel 平台）绘图员职业技能鉴定大纲

第一单元 原理图环境设置（8 分）

1. 图纸设置：图纸的大小、颜色、放置方式。

2. 栅格设置：捕捉栅格和可视栅格的显示及尺寸设置。

3. 字体设置：字体、字号、字型等的设置。

4. 标题栏设置：标题栏的类型设置、用特殊字符串设置标题栏上的内容。

第二单元 原理图库操作（10 分）

1. 原理图文件中的库操作：调入库文件，添加元件，给元件命名。

2. 库文件中的库操作：绘制新的库元件，创建新库。

第三单元 原理图设计（15 分）

1. 绘制原理图：利用画电路工具和画图工具以及现有的文件，按照要求绘制原理图。

2. 编辑原理图：按照要求对给定的原理图进行编辑、修改。

第四单元 检查原理图及生成网络表（8 分）

1. 检查原理图：进行电气规则检查和检查报告分析。

2. 生成网络表：生成元件名、封装、参数及元件之间的连接表。

第五单元 印刷电路板（PCB）环境设置（10 分）

1. 选项设置：选择设置各种选项。

2. 功能设置：设置各种功能有效或无效。

3. 数值设置：设置各种具体的数值。

4. 显示设置：设置各种显示内容的显示方式。

5. 缺省值设置：设置具体的缺省值。

第六单元 PCB 库操作（12 分）

1. PCB 文件中的库操作：调入或关闭库文件，添加库元件。

2. PCB 库文件中的库操作：绘制新的库元件，创建新库。

第七单元 PCB 布局（17 分）

1. 元件位置的调整：按照设计要求合理摆放元件。

2. 元件编辑及元件属性修改：编辑元件，修改名称、型号、编号等。

3. 放置安装孔。

第八单元 PCB 布线及设计规则检查（20 分）

1. 布线设计：按照要求设置线宽、板层数、过孔大小、焊盘大小、利用 Protel 的自动布线及手动布线功能进行布线。

2. 板的整理及设计规则检查：布线完毕，对地线及重要的信号线进行适当调整，并进行设计规则检查。

附录 B　计算机辅助设计（Protel 平台）
绘图员职业技能评分点

表 B-1　　　　　　　　**计算机辅助设计（Protel 平台）绘图员职业技能评分标准**

项目	评 分 标 准	标准分	评分
原理图	1. 未按指定要求命名设计文件，扣 2 分	2 分	
	2. 元件调入错误，连线不正确，每处扣 1 分	10 分	
	3. 文字标注、网络标号、标称值输入错误或未输入，每处扣 0.5 分	10 分	
	4. 节点放置错误，每处扣 0.5 分	4 分	
	5. 未按要求设置图纸，扣 2 分	2 分	
	6. 原理图正确美观，符合作图规范，加 2 分	2 分	
PCB 板图	1. 元件、网络需用网络表调入，元件、网络丢失一个扣 1 分	10 分	
	2. 元器件封装形式错误，每处扣 1 分	10 分	
	3. 考生未按指定板层数布线扣除总分 60 分，正确加 4 分	5 分	
	4. 未按指定要求设置板框，扣 10 分	10 分	
	5. PCB 板必须未按指定线宽和绝缘间距布线，扣 10 分	10 分	
	6. 布线美观正确，加 4 分	5 分	
	7. 布通率：一处未布通，扣 4 分	20 分	

注　除 PCB 的第 3 项外，每项扣除的最高分不超过标准分。

附录 C　计算机辅助设计（Protel 平台）
绘图员操作技能考核题

考核要求如下。

（1）完成此图的原理图绘制，如图 C‐2。图纸用 A4 图纸，图纸底色设置成白色。

（2）自制元件 U_3。

（3）自制元件的封装 J_1，如图 C‐1。

（4）绘出此电路的 PCB 板图。要求用二层板制作，板框尺寸为 70mm×70mm，电源（含输入与输出电源、地线的走线宽度为 4mm）。

（5）每个原理图元件都应该正确的设置封装（FootPrint）、设计号（Designator）、参数（Part）。

（6）要求制 PCB 板前，生成 ERC 报表文件，网络表文件，原理图元器件清单报表文件。

（7）采用插针式元件。

（8）电源与地网络的优先级为 4 级，其他为 1 级。

（9）同一元件焊盘之间最多允许走二根铜膜线。

（10）所有焊盘补泪滴。

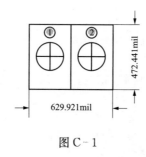

图 C‐1

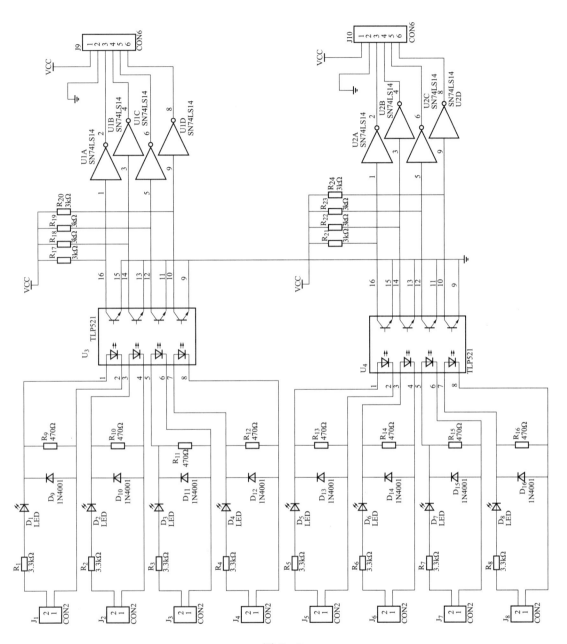

图 C - 2

参 考 文 献

［1］全国计算机信息高新技术考试教材编写委员会. 计算机辅助设计（Protel 平台）Protel99SE 职业技能培训教程（绘图员级）［M］. 北京：电子科技大学出版社，希望电子出版社，2004.

［2］张群慧. Protel DXP 2004 印制电路板设计与制作［M］. 北京：北京理工大学出版社，2012.

［3］高敬鹏，武超群，王臣业. Altium Designer 原理图与 PCB 设计教程［M］. 北京：机械工业出版社，2013.

［4］周润景. Altium Designer 原理图与 PCB 设计（第 3 版）［M］. 北京：电子工业出版社，2015.